U0352814

暨南大学本科教材资助项目

实变函数新编教程

杜　毅　姚正安　编著

暨南大学出版社
JINAN UNIVERSITY PRESS
中国·广州

图书在版编目（CIP）数据

实变函数新编教程/杜毅, 姚正安编著. — 广州: 暨南大学出版社, 2024.7
ISBN 978-7-5668-3936-7

Ⅰ.①实… Ⅱ.①杜… ②姚… Ⅲ.①实变函数 — 教材 Ⅳ.①O174.1

中国国家版本馆 CIP 数据核字 (2024) 第 102123 号

实变函数新编教程
SHIBIAN HANSHU XINBIAN JIAOCHENG
编著者：杜　毅　姚正安

出 版 人：阳　翼
责任编辑：曾鑫华
责任校对：刘舜怡　黄晓佳
责任印制：周一丹　郑玉婷

出版发行：暨南大学出版社（511434）
电　　话：总编室（8620）31105261
　　　　　营销部（8620）37331682　37331689
传　　真：（8620）31105289（办公室）　37331684（营销部）
网　　址：http://www.jnupress.com
排　　版：北京八零点创文化传播有限公司
印　　刷：广东信源文化科技有限公司
开　　本：787mm×1092mm　1/16
印　　张：7.25
字　　数：166 千
版　　次：2024 年 7 月第 1 版
印　　次：2024 年 7 月第 1 次
定　　价：49.80 元

（暨大版图书如有印装质量问题，请与出版社总编室联系调换）

前　言

　　函数（映射）是分析数学的研究对象. 作为基础的"数学分析"主要的研究对象是"连续函数". 但是客观世界也会出现大量不连续函数的情况, 需要我们对这类不连续的函数进行研究. 为此, 实变函数论在 20 世纪初应运而生. "实变函数"课程的主要研究对象为"可测函数", 目标是推广"数学分析"中的黎曼积分: 建立更广的积分工具（勒贝格积分）. 因为要处理的对象相对抽象, 其逻辑基础及结论不一定明显直观, 理解起来有一定的难度. 然而分析函数（映射）这类问题的思路、目标甚至解决困难的基础逻辑是一致的. 因此, "实变函数"课程中介绍的结论在"数学分析"课程中大部分都有对应的原型.

　　我们以"数学分析"中在有限区间段 $[a,b]$ 上非负一元函数 $f(x)$ 为例, 其黎曼积分 $\int_a^b f(x)\mathrm{d}x$ 的几何含义是求函数 $f(x)$ 表示的曲线与区间 $[a,b]$ 所围成区域的面积. 当被积函数 $f(x)$ 在定义域 $[a,b]$ 上出现了无限多间断点时, 按照黎曼积分的框架: 对定义区间做任意分割, 构造近似和并取极限的办法来定义积分会有较大困难. 而如果通过对值域分割, 便能避开"无限间断点"这个问题. 当然这样做的代价是在对应于值域分割时, 相应的定义域子集结构较复杂（如图 0-1 所示）: 当 $y_{i-1} \leqslant f(x) \leqslant y_i$ 时, 对应的定义域被分成了多片. 此时"每一片"的长度能否度量, 从而使得每个分块的"面积"可求; 进一步地, 对应的块数是否会无限多; 如果出现无限多块时, 求和是否收敛等, 伴随着大量的新问题出现. 无论是实变函数涉及的勒贝格积分, 还是数学分析框架下的黎曼积分, 其引入的背景可以认为是相似的, 但是基于处理方式的不同, 建立起来的概念需要不同的逻辑基础.

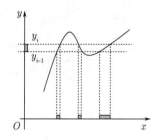

图 0-1　值域分割时对应的定义域子集

　　作者在教学实践过程中发现, 若稍微花一点时间说明相关知识点之间的联系, 并通过比较异同的方式引入相对复杂的结论，会收到较好的教学效果. 通过参阅部分优秀教材，针对少学时的"实变函数"课程，本书对相应知识点做了适当的取舍及编排；对于新出现的定义或定理，添加一些引入背景说明，以便读者理解. 这里要特别指出的是，本书主要参考了以下教材：① 邓东皋、常心怡编的《实变函数简明教程》；② 周民强编著的《实变函数论》；③ 程其襄、张奠宙、胡善文、薛以锋编的《实变函数与泛函分析基础》；④ 曹广福编的《实变函数论与泛函分析》；⑤ 周性伟编著的《实变函数》.

　　本书的基本框架如下：第 1 章引入集合的基础知识. 第 2 章给出 n 维欧氏空间点集的"度量"——测度论. 第 3 章介绍一类"较好"的函数类——"可测函数"类. 这里说"可测函数"类"较好"是指从常规的四则运算到极限（上、下）运算，"可测函数"类是封闭的. 很自然地，本章也对"数学分析"中学过的"连续函数"类和新引入的"可测函数"类的关系做系统的比较. 其中难点之一在于函数列的"逼近"关系刻画. 可根据"可测函数"类的特点建立相应的逼近关系，并将其与"数学分析"中学习过的逼近关系进行比较，说明其"异、同"与"强、弱". 第 4 章将基于"可测函数"类与"集合测度"建立勒贝格积分，并分析其与黎曼积分之间的关系. 第 5 章将讨论函数在什么条件下"几乎处处"可导，并分析导函数在勒贝格积分意义下和原函数的关系. 第 6 章将介绍重要的 L^p 函数空间，并对这类空间中函数列的收敛关系做一些初步讨论.

　　由于作者水平有限，知识点的选取与编排会出现遗漏与不足，恳请读者批评指正.

作者

2024 年 3 月

目　　录

第 1 章　集合

分析学的主要研究对象是函数（及至更一般的映射）. 现代分析工具中应用最广泛的 "微分、积分" 工具，其建立基础是 "极限". 而建立极限理论要求目标集合在相应 "度量" 下 "极限" 运算封闭（完备性）. 本书限于研究 "建立在实数域上的实函数"，基于实数域的完备性定义极限运算，从而引出重要的 "微分、积分" 这样的工具. 这里所说的有了 "完备性" 这个逻辑基础，才有 "微分、积分" 工具，是从逻辑的意义上来讲的. 事实上，"微分、积分" 这个工具，是要比 "实数完备性理论" 更早出现的. 为了将数学分析的研究框架推广到更广泛的情形，这里首先对研究对象 "集合" 做进一步的刻画.

1.1　集合及其运算

按照公理化方法，集合是基本概念，但还是可以做描述性说明的. 集合是指在一定 "条件" 下，将具有 "共同" 特征的对象放在一起的一个组合.

$$A = \{x | 某类具体特征的 "对象"\}$$

对于构成这个组合的每个对象，我们称为 "该集合的元素". 特别地，当这个集合中的元素是 "数" 时，便是 "数集". 后文中我们记自然数集 $\mathbf{N}$、整数集 $\mathbf{Z}$、有理数集 $\mathbf{Q}$、实数集 $\mathbf{R}$.

对于满足某 "特征" 的所有元素组成的集合称为 "全集". 而如果对于某 "特征" 没有任何元素满足，那么我们称其构成一个 "空集". 一般来讲，研究集合总是从其元素的关系入手. 而集合元素的三大关系包括：

(1) 拓扑结构（邻近关系）；

(2) 代数结构（运算关系）；

(3) 序结构（顺序关系）.

具体来讲，拓扑结构是要刻画元素间的位置关系，研究这类结构需要我们对集合引入 "度量"；代数结构是刻画集合元素在 "某类" 运算下的性质；序结构则是对集合中的元素定义满足特定性质的先后顺序（例如实数集中，元素 "大小" 关系……）.

定义 1.1 (集簇)

设 $\varGamma$ 为一个集合，$\alpha \in \varGamma$，称 $\{A_\alpha | \alpha \in \varGamma\}$ 为一个集簇，简记为 $\{A_\alpha\}_{\alpha \in \varGamma}$. 特别地，当 $\varGamma = \mathbf{N}$ 时，称集簇为集列，记为 $\{A_k\}$.

对于集合的初等运算："并 $\cup$""交 $\cap$""补 ^{c}" 等，这里不再一一罗列. 我们只介绍集合的"差"运算.

> **定义 1.2 (差集)**
>
> 　　设 S 是全集. A, B 是 S 的子集. 定义集合 A、B 的差集为: $A - B = A \cap B^c$
> （$A - B$ 后文有时也记为 $A \backslash B$）.
> ♣

例题 1.1　设 $f: E \to \mathbf{R}$，记 $E[f(x) > a] = \{x \in E, f(x) > a\}$，试证明 $E(f(x) \geqslant a) = \bigcap\limits_{k=1}^{\infty} E\left(f(x) > a - \frac{1}{k}\right)$.

证明

1. $\forall x \in E(f \geqslant a)$，则 $f(x) \geqslant a > a - \frac{1}{k} \ (\forall k \in \mathbf{N})$. 即 $\forall k \in \mathbf{N}, x \in E[f(x) > a - \frac{1}{k}]$，得 $x \in \bigcap\limits_{k=1}^{\infty} E\left[f(x) > a - \frac{1}{k}\right]$；

2. $\forall x \in \bigcap\limits_{k=1}^{\infty} E\left[f(x) > a - \frac{1}{k}\right]$. 则 $\forall k \in \mathbf{N}, f(x) > a - \frac{1}{k}$. 令 $k \to \infty$，由极限运算的保序性，有 $f(x) \geqslant a$，即 $x \in E[f(x) \geqslant a]$.

由集合的定义，容易验证如下的结论（证明留作课后习题）.

> **定理 1.1 (De Morgan 公式)**
>
> $$\left(\bigcup_{\alpha \in \varGamma} A_\alpha\right)^c = \bigcap_{\alpha \in \varGamma} A_\alpha^c, \quad \left(\bigcap_{\alpha \in \varGamma} A_\alpha\right)^c = \bigcup_{\alpha \in \varGamma} A_\alpha^c \tag{1.1}$$
> ♡

习题 1

✐ **练习 1.1**　证明定理 1.1: De Morgan 公式.

✐ **练习 1.2**　记 A、B、C 及 D 均为集合，证明下列关系:
　　(1) $(A \backslash B) \backslash C = A \backslash (B \cup C)$；
　　(2) $(A \backslash B) \cap (C \backslash D) = (A \cap C) \backslash (B \cup D)$.

✐ **练习 1.3**　设 $\{f_k(x)\}$ 是 $[a, b]$ 上的单调增函数列，若 $\lim\limits_{k \to \infty} f_k(x) = f(x)$，证明 $\forall a \in \mathbf{R}$，有 $E[f(x) > a] = \bigcup\limits_{k=1}^{\infty} E[f_k(x) > a]$.

✐ **练习 1.4**　对任意集合 $E \subset \mathbf{R}^n$，用 χ_E 表示其**特征函数**，它的定义如下:

$$\chi_E = \begin{cases} 1, & x \in E \\ 0, & x \notin E \end{cases}$$

　　证明: (1) 当 $A \cap B = \varnothing$ 时，$\chi_{A \cup B}(x) = \chi_A(x) + \chi_B(x)$；(2) $\chi_{A \cap B}(x) = \chi_A(x)\chi_B(x)$.

✐ **练习 1.5**　设 $x \in E \subset \mathbf{R}^n$，证明:
　　(1) 当 $f_k(x) \to f(x)$ 时，收敛点集为: $A = \bigcap\limits_{k=1}^{\infty} \bigcup\limits_{l=1}^{\infty} \bigcap\limits_{j=l}^{\infty} \left\{x \mid x \in E \mid f_j(x) - f(x)| < \frac{1}{k}\right\}$；

(2) 函数列 $\{f_k(x)\}$ 不收敛于 $f(x)$ 的点集是：$\bigcup\limits_{k=1}^{\infty}\bigcap\limits_{l=1}^{\infty}\bigcup\limits_{j=l}^{\infty}\left\{x\,\middle|\,x\in E\,|f_j(x)-f(x)|\geqslant\dfrac{1}{k}\right\}.$

✍ **练习 1.6**　设 f,g 是 E 上的实函数，证明：$\{x\,|\,x\in E, f(x)>g(x)\}=\bigcup\limits_{k=1}^{\infty}E[f>r_k]\cap E[g<r_k]$，其中 r_k 取值于有理数集 $\mathbf{Q}$.

1.2 极限集与上、下极限集

集合作为一般性的研究对象，对其作"并、交、补、差"等运算，特别是经过无穷多次"并""交"等运算形成的新集合，在刻画函数收敛关系时有重要应用（见练习 1.5）. "数学分析"中，单调有界的实数列必有极限，对于集合列有类似的定义单调集列及其极限集：

定义 1.3 (单调集列及其极限集)

1. 若集列 $\{A_k\}$ 满足 $A_k\subseteq A_{k+1}$ $(\forall k\in\mathbf{N})$，则称 $\{A_k\}$ 为单调扩张集列（渐张集列），定义渐张集列的极限集如下：

$$\lim_{k\to\infty}A_k=\bigcup_{k=1}^{\infty}A_k$$

2. 若集列 $\{A_k\}$ 满足 $A_k\supseteq A_{k+1}$ $(\forall k\in\mathbf{N})$，则称 $\{A_k\}$ 为单调收缩集列（渐缩集列），定义渐缩集列的极限集如下：

$$\lim_{k\to\infty}A_k=\bigcap_{k=1}^{\infty}A_k$$

渐张及渐缩集列统称为单调集列.

在讨论实数序列时，有界是极限存在的必要条件. 在实数集完备性的保证下，有界的实数序列必存在上/下极限. 借鉴这类想法，对于一般的集列，我们定义上、下极限集为：

定义 1.4 (上、下极限集)

设 $\{A_k\}_{k\in\mathbf{N}}$ 是集合列，则：

1. 集合列 $\{A_k\}_{k\in\mathbf{N}}$ 的上极限集为：

$$\overline{\lim_{k\to\infty}}A_k(\text{或}\ \limsup_k A_k)=\{x: x\text{ 属于无限多个集}\}$$

$$=\{x: \text{存在无限多个 }A_k,\text{使 }x\in A_k\}=\bigcap_{k=1}^{\infty}\bigcup_{i=k}^{\infty}A_i.$$

> 2. 集合列 $\{A_k\}_{k\in\mathbf{N}}$ 的下极限集为:
>
> $$\varliminf_{k\to\infty} A_k(\text{或 } \liminf_k A_k) = \{x: \text{除去有限个集合外, 对于余下的集合, 有 } x\in A_k\}$$
>
> $$= \{x: \text{当 } k \text{ 充分大时, 有 } x\in A_k\} = \bigcup_{k=1}^{\infty}\bigcap_{i=k}^{\infty} A_i.$$
>
> ♣

例题 1.2　设 $A_{2k}=[0,1]$, $A_{2k+1}=[1,2]$, 则上极限集为 $[0,2]$, 下极限集为 $\{1\}$.

> **定义 1.5 (极限集)**
>
> 如果集列 $\{A_k\}_{k\in\mathbf{N}}$ 的上、下极限集相等, 即
>
> $$\varlimsup_{k\to\infty} A_k = \varliminf_{k\to\infty} A_k = A$$
>
> 则称集列 A_k 收敛于集合 A, 记为 $\lim_{k\to\infty} A_k = A$.
>
> ♣

习题 2

✍ **练习 1.7**　设 χ_E 是集合 E 的特征函数, 试证明对任一集列 $\{E_k\}$, 有

$$\chi_{\varlimsup_{k\to\infty} E_k}(x) = \varlimsup_{k\to\infty} \chi_{E_k}(x), \quad \chi_{\varliminf_{k\to\infty} E_k}(x) = \varliminf_{k\to\infty} \chi_{E_k}(x).$$

从而集列 E_k 的极限存在等价于函数列 $\chi_{E_k}(x)$ 的极限存在.

✍ **练习 1.8**　证明 $\varliminf_{k\to\infty}(E\backslash A_k) = E\backslash\varlimsup_{k\to\infty} A_k$ 及 $E\backslash\varliminf_{k\to\infty} A_k = \varlimsup_{k\to\infty}(E\backslash A_k)$.

✍ **练习 1.9**　设 $A_k = \{\frac{l}{k}|l,k\in\mathbf{Z}\}$, $B_k = (\frac{1}{k},1+\frac{1}{k})$, $(k\in\mathbf{N})$. 证明: $\varlimsup_{k\to\infty} A_k = \mathbf{Q}$, $\varliminf_{k\to\infty} A_k = \mathbf{Z}$, $\lim_{k\to\infty} B_k = (0,1]$.

✍ **练习 1.10**　设 $A_k = \left(-1-\frac{1}{k}, 1+\frac{1}{k}\right)$, 求 $\varliminf_{k\to\infty} A_k$(即 $\liminf_{k\to\infty} A_k$).

✍ **练习 1.11**　若 $\lim_{k\to\infty} f_k(x) = f(x), x\in E$. $\forall a\in\mathbf{R}$, 令 $E_{k,l} = E\left[f_k(x) > a - \frac{1}{l}\right]$, 证明:

$$\bigcap_{l=1}^{\infty}\varlimsup_{k\to\infty} E_{k,l} = \bigcap_{l=1}^{\infty}\varliminf_{k\to\infty} E_{k,l}, \text{ 且 } E[f\geqslant a] = \bigcap_{l=1}^{\infty}\varliminf_{k\to\infty} E_{k,l}.$$

✍ **练习 1.12**　证明:

$$\left(\varliminf_{k\to\infty} A_k\right)^c = \varlimsup_{k\to\infty} A_k^c; \qquad \left(\varlimsup_{k\to\infty} A_k\right)^c = \varliminf_{k\to\infty} A_k^c;$$

$$\varliminf_{k\to\infty}(A_k\cup B_k) = \varliminf_{k\to\infty} A_k \cup \varliminf_{k\to\infty} B_k; \qquad \varlimsup_{k\to\infty}(A_k\cap B_k) = \varlimsup_{k\to\infty} A_k \cap \varlimsup_{k\to\infty} B_k.$$

✍ **练习 1.13**　设 A_k 是平面上以 $\left(\frac{(-1)^k}{k}, 0\right)$ 为圆心, 半径为 1 的圆, 求 $\varliminf_{k\to\infty} A_k$ 和 $\varlimsup_{k\to\infty} A_k$.

1.3　集合的势

研究集合，一般是从集合"元素数量"开始. 基于"元素数量"，我们可将集合分成"有限集"与"无限集". 对于无限集，要比较两个集合元素数量之间的关系，必须引入集合"对等"的概念，并在此基础上引入集合的"势"，用其来刻画集合元素的多少.

> **定义 1.6 (对等关系及"势")**
>
> 　　记 A, B 是两个集合，如果存在 A 与 B 之间的一一对应，则称集合 A 与 B 对等（也称 A 与 B 有相同的势），记作：$A \sim B$ 或 $\overline{\overline{A}} = \overline{\overline{B}}$（其中 $\overline{\overline{A}}$ 表示集合 A 的势）. 若 A 与 B 的一个真子集对等，但与 B 不对等，则称 A 的势小于 B 的势，记为 $\overline{\overline{A}} < \overline{\overline{B}}$. ♣

　　无限集 A 与 B "对等"，可以粗略地认为是 A 与 B 有"同样"多的元素.

例题 1.3　$A = \{2k\}, k \in \mathbf{N}$，则 $\overline{\overline{A}} = \overline{\overline{\mathbf{N}}}$.

证明　定义映射 $f(x) = \frac{x}{2} : A \to \mathbf{N}$，则 f 是 $A \to \mathbf{N}$ 的一一映射. 类似地也可以定义 $\mathbf{N} \to A$ 的一一映射.

性质 [1]　"对等"关系满足以下性质.

　　(1) 自反性：$A \sim A$；

　　(2) 对称性：$A \sim B$，则 $B \sim A$；

　　(3) 传递性：$A \sim B$ 且 $B \sim C$，则 $A \sim C$.

证明　略.

> **定理 1.2 (伯恩斯坦定理)**
>
> 　　对于无限集合 A, B，若 A 与 B 的一个子集对等的同时，B 与 A 的一个子集对等，则 A 与 B 等势. ♡

证明

1. 设 $B \overset{g}{\sim} A^* \subset A, g(B) = A^*$；

   (a) 记 $A_1 = A - A^*$，由条件 A 与 B 的一个子集对等，则存在一一对应关系 f，使 $f(A_1) = B_1$；

   (b) 由 B 与 A 的一个子集对等，记 $g(B_1) = A_2$，则 $A_2 \subset A^*$. 此时 $A_1 = A \backslash A^*$，$A_2 \subset A^*$，得 $A_1 \cap A_2 = \varnothing$；

   (c) 再由 A 与 B 的一个子集对等，记 $f(A_2) = B_2$，由上一步 $A_1 \cap A_2 = \varnothing$，则 $B_1 \cap B_2 = \varnothing$（因为 f 是一一映射，若 $B_1 \cap B_2 \neq \varnothing$，则与 f 的定义矛盾）；

   (d) 对 $\forall k \in \mathbf{N}$ 重复上述过程. 由构造（见图 1–1）可得：

$$\begin{cases} g(B_k) = A_{k+1} \\ f(A_k) = B_k \quad (k = 1, \cdots, n) \end{cases} \tag{1.2}$$

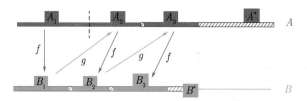

图 1–1   映射构造图

2. 由前述分析，可得

$$B \setminus \bigcup_{k=1}^{\infty} B_k \xrightarrow{g} A^* \setminus \bigcup_{k=1}^{\infty} A_{k+1} = (A \setminus A_1) \setminus \bigcup_{k=1}^{\infty} A_{k+1} = A \setminus \bigcup_{k=1}^{\infty} A_k$$

因此 $B \setminus \bigcup\limits_{k=1}^{\infty} B_k \xrightarrow{g} A \setminus \bigcup\limits_{k=1}^{\infty} A_k$.

$$A = \left(A \setminus \bigcup_{k=1}^{\infty} A_k \right) \cup \left(\bigcup_{k=1}^{\infty} A_k \right) \sim \left(B \setminus \bigcup_{k=1}^{\infty} B_k \right) \cup \left(\bigcup_{k=1}^{\infty} B_k \right) = B$$

例题 1.4   若 $B \subseteq A$，则 $\overline{\overline{B}} \leqslant \overline{\overline{A}}$.

例题 1.5   证明 $\overline{\overline{[-1,1]}} = \overline{\overline{(-1,1)}}$.

证明

1. $(-1,1) \subset [-1,1]$，则 $\overline{\overline{(-1,1)}} \leqslant \overline{\overline{[-1,1]}}$.

2. 记 $f(x) = \frac{x}{2}$，则 $f(x): [-1,1] \rightarrow \left[-\frac{1}{2}, \frac{1}{2} \right]$ 是一一映射. 得 $\overline{\overline{[-1,1]}} = \overline{\overline{\left[-\frac{1}{2}, \frac{1}{2} \right]}} \leqslant \overline{\overline{(-1,1)}}$. 又因为 $\overline{\overline{\left[-\frac{1}{2}, \frac{1}{2} \right]}} \leqslant \overline{\overline{(-1,1)}}$，从而得 $\overline{\overline{[-1,1]}} = \overline{\overline{(-1,1)}}$.

1.3.1   可数集及其性质

定义 1.7

若无限集 $A \sim \mathbf{N}$，则称 A 是可列集. 记为 $\overline{\overline{A}} = C_0$. 可列集及有限集统称为可数集.

注   若 A 是可数（列）集，那么其元素可以标记为

$$A = \{a_1, a_2, \cdots, a_k, \cdots\}, \, k \in \mathbf{N}$$

性质 [2]   任何一个无限集 A，都含有可列真子集.

证明 因为 A 是无限集，所以任取元素 $x_1 \in A$，则 $A \backslash \{x_1\} = A_1$ 是无限集. 类似地，在 A_1 中任取元素 $x_2 \in A_1$，$A_2 = A_1 \backslash \{x_1\}$ 也是无限集. 可取元素 $x_3 \in A_2$，以此类推：

$$A_k \backslash \{x_{k+1}\} = A_{k+1} \text{ 是无限集}$$

则 $A_0 = \{x_1, x_2, \cdots x_k, \cdots\} \subset A$ 是可列集.

推论 1.1

可数集的子集或为有限集或为可列集.

性质 [3] 可数集与有限集的并是可数集（记为：$C_0 + m(\text{有限数}) = C_0$）.

证明 记 $A = \{a_1, \cdots, a_k\}$，$B = \{b_1, \cdots, b_l, \cdots\}$，分别是有限集和可数集，构造映射 $f: A \cup B \to \{a_1, \cdots, a_k, b_1, \cdots, b_l, \cdots\}$，则构成了与 $\mathbf{N}$ 的一一映射.

性质 [4] 有限个（可数个）可数集的并还是可数集（记为：$k_0(\text{有限数}) \cdot C_0 = C_0$，$C_0 \cdot C_0 = C_0$）.

证明 下面只证明可列并的情况. 记 $\{A_k\}_{k \in \mathbf{N}}$ 为可列集列，其中

$$A_1 = \{a_{11}, a_{12}, a_{13}, a_{14}, \cdots, a_{1i}, \cdots\}$$
$$A_2 = \{a_{21}, a_{22}, a_{23}, a_{24}, \cdots, a_{2i}, \cdots\}$$
$$A_3 = \{a_{31}, a_{32}, a_{33}, a_{34}, \cdots, a_{3i}, \cdots\}$$
$$\vdots$$
$$A_k = \{a_{k1}, a_{k2}, a_{k3}, a_{k4}, \cdots, a_{ki}, \cdots\}$$
$$\vdots$$

按图示的对角线的原则，可构造 $\bigcup\limits_{k \in \mathbf{N}^+} A_k \to \mathbf{N}$ 的一一映射.

例题 1.6 证明有理数集 $\mathbf{Q}$ 可数.

证明 由 $\mathbf{Q} = \left\{\frac{l}{k} \middle| l, k \in \mathbf{Z}\right\}$. 则 $\forall k \geqslant 1$ 给定时，$A_k = \left\{\frac{1}{k}, \frac{2}{k}, \cdots\right\}$ 是可列集. 而

$$\mathbf{Q}^+ = \bigcup_{k \in \mathbf{N}} A_k$$

则 $\mathbf{Q}^+$ 是可列集. 同理可证 $\mathbf{Q}^-$ 是可列集.

定义 1.8 (直积)

设 $\{A_1, A_2, \cdots, A_k, \cdots\}$ 是一个集合列，称集合 $\prod\limits_{i=1}^{k} A_i = \{X = (x_1, \cdots, x_k) \mid x_i \in A_i\}$ 为 $\{A_1, A_2, \cdots, A_k\}$ 的 k 维直积.

性质 [5]   可列集的有限维直积是可列集.

证明   只需证明二维的情况, 对于一般的情况可以用归纳法证明.

$\forall X \in \prod\limits_{i=1}^{2} A_i$, 则 $X = (x_1, x_2), x_i \in A_i \ (i = 1, 2)$. 已知 A_i 是可列集, 设:

$$A_1 = \{a_1, a_2, a_3, \cdots, a_k, \cdots\}, \quad A_2 = \{b_1, b_2, b_3, \cdots, b_k, \cdots\}.$$

则 $\prod\limits_{i=1}^{2} A_i = \bigcup\limits_{l \in \mathbf{N}} \left(\bigcup\limits_{k \in \mathbf{N}} (a_l, b_k) \right)$, 由性质 [4] 可得.

1.3.2　不可数集

不可列的无限集通称为不可数集.

例题 1.7   实数集合 $[0, 1]$ 不可数.

证明   反证法, 若 $[0, 1]$ 可数, 则可记 $[0, 1] = \{x_1, \cdots, x_k, \cdots\}$. 对 $[0, 1]$ 闭区间三等分, 则

1. 若 $\exists I_1$, 使 $x_1 \notin I_1$;
2. 并对 I_1 进一步三等分, 则类似地在三个区间中 $\exists I_2$, 且 $x_2 \notin I_2$;
3. 由归纳法, 则可构造集合序列 $\{I_k\}$, 满足 $[0, 1] \supset I_1 \supset I_2 \supset \cdots \supset I_k \cdots$, 由此得出的集合序列 I_k 构成一个闭区间套.

根据闭区间套定理, 则 $\exists x_{k_0} \in \bigcap\limits_{k=1}^{\infty} I_k$. 而由构造可知 $\forall k > k_0$ 时, $x_{k_0} \notin I_k$, 与闭区间套定理矛盾.

注   本例说明无限集不全是可列集. 结合性质 [2], 可以这样认为: 可列集是 "元素个数最少" 的无限集.

> **定义 1.9 (连续势)**
>
> 若 $A \sim [0, 1]$, 则称 A 是连续势集, 记作 $\overline{\overline{A}} = C$. ♣

例题 1.8   易得: $[0, 1] \sim [0, 1) \sim (0, 1) \sim (0, \infty) \sim \mathbf{R}$.

例题 1.9   设 $\overline{\overline{A}} \geqslant C_0, \overline{\overline{B}} \leqslant C_0$, 则 $\overline{\overline{A \cup B}} = \overline{\overline{A}}$.

证明   因为 $\overline{\overline{A}} \geqslant C_0$, 则 $\exists M \subset A$, 且 $\overline{\overline{M}} = C_0$.

$$A \cup B = (A \backslash M) \cup M \cup B = (A \backslash M) \cup (M \cup B)$$

由性质 [4], $M \cup B \sim M$, 则 $(A \backslash M) \cup (M \cup B) \sim (A \backslash M) \cup M = A$, 即 $\overline{\overline{A \cup B}} = \overline{\overline{A}}$.

注   由上例, 可得 $[0, 1]$ 上的无理数是连续势的. 事实上:

$$\overline{\overline{[0, 1]}} = \overline{\overline{([0, 1] \cap \mathbf{Q}) \cup ([0, 1] \cap \mathbf{Q}^c)}} = \overline{\overline{[0, 1] \cap \mathbf{Q}^c}}.$$

性质 [6]   有限个 (或可列个, 或连续势个) 连续势集的并是连续势集.

证明

1. 设 $\overline{\overline{A}} = C$, 得 $A \sim [0,1]$; 同理由 $\overline{\overline{B}} = C$, 得 $B \sim [1,2]$. 则 $A \cup B \sim [0,2] \sim [0,1]$, 得 $\overline{\overline{A \cup B}} = C$. 有限个集合并的情况可类似地证明.

2. 对于可列个具有连续势的集合 $A_1, \cdots, A_k, \cdots$ 有 $A_k \sim (k-1, k]$, $k \in \mathbf{N}$. 所以

$$\bigcup_{k=1}^{\infty} A_k \sim (0, +\infty) \sim (0,1)$$

3. 下面证明当 J 是连续势集时, $\overline{\overline{\bigcup_{\alpha \in J} A_\alpha}}$ 也是连续势集.

   由于 $J \sim (0,1)$, 则 $\bigcup_{\alpha \in J} A_\alpha \sim \{(x,y) | x \in J, y \in A_\alpha\} \sim [0,1]^2$. 而 $\forall x = (x_1, x_2) \in [0,1]^2$, 记

$$x_1 = 0.a_1 a_2 \cdots, x_2 = 0.b_1 b_2 \cdots, \text{其中 } a_i, b_i \in \{0, 1, \cdots, 9\}$$

   令 $y = f(x) = 0.a_1 b_1 a_2 b_2 \cdots$, 则 $f(x)$ 是 $[0,1]^2 \to [0,1]$ 子集上的一一映射. 得 $C = \overline{\overline{[0,1]}} \leqslant \overline{\overline{[0,1]^2}} \leqslant \overline{\overline{[0,1]}} = C$.

性质 [7] 有限个 (可列个) 连续势集的直积是连续势的.

证明 根据直积的定义, 本命题等价于证明集合 $S = \{(x_1, x_2, \cdots) | x_i \in (0,1)\}$ 是连续势的.

1. $\forall x \in (0,1) : x \to (x, 0, \cdots, 0, \cdots) \in S$, 则 $(0,1)$ 与 S 的一个子集对等, $C = \overline{\overline{(0,1)}} \leqslant \overline{\overline{S}}$;

2. 下面证明 $\overline{\overline{S}} \leqslant \overline{\overline{(0,1)}}$. $\forall X \in (x_1, x_2, \cdots, x_k, \cdots) \in S$, 则

$$x_1 = 0.x_{11} \quad x_{12} \quad x_{13} \cdots x_{1l} \cdots$$
$$x_2 = 0.x_{21} \quad x_{22} \quad x_{23} \cdots x_{2l} \cdots$$
$$\vdots$$
$$x_k = 0.x_{k1} \quad x_{k2} \quad x_{k3} \cdots x_{kl} \cdots$$
$$\vdots$$

其中, $x_{kl} \in \{0, 1, \cdots, 9\}$ 为整数. 构造映射 $f : X \to a = 0.x_{11} x_{12} x_{21} x_{31} x_{22} \cdots$ (图示), 当 $X_1, X_2 \in S$ 且 $X_1 \neq X_2$ 时, 至少有一个坐标分量不同, 从而可以说明上述的映射是一一映射, 即 S 与 $[0,1]$ 的一个子集对等, 结论得证.

定义 1.10 (幂集)

设 A 是一个集合, 那么所有以 A 的子集为元素组成的集合称为 A 的幂集. 记为 2^A.

♣

例题 1.10   设 E_0 是 p, q 两个不相同符号所构成序列组成的集合, 则 $\bar{\bar{E}}_0 = C$.

证明   要证 $E_0(p, q) = \{pq, ppq, pppq, pqqp, \cdots\}$ 是连续势集, 首先将 $(p, q) \to (0, 1)$. 将 E_0 中的元素与区间 $(0, 1)$ 一一对应. 例如:

$$a_1 = 1101, f(a_1) \to 0.1101; a_2 = 0011, f(a_2) \to 0.0011; \cdots$$

由二进制[①] 计数 $f: E_0 \to (0, 1)$ 子集上的一一映射. 另外, $(0, 1)$ 区间上的任何一点都对应一个二进制数, 即 $(0, 1)$ 与 E_0 的一个子集对应. 因此 $\bar{\bar{E}}_0 = C$.

注   从势的角度来讲, $C_0 < C$. 一个很自然的问题是: 是否存在集合的势介于 C_0 与 C 之间呢? 康托猜想在 C_0 与 C 两者之间没有过渡势——"连续统猜想 (希尔伯特 23 个世纪问题中的第一个问题)", 后续研究表明, 它与现代集合论常用公理系统中的选择公理等价.

命题 1.1 (无最大势)

$$\overline{\overline{2^A}} > \bar{\bar{A}}.$$
♠

证明   首先 A 与 2^A 的一个子集对等是显然的, 只要考虑 $A \sim \{\{a\}: a \in A\} \subset 2^A$ 即可.

假设 $A \sim 2^A$, 则存在 A 到 2^A 上的一一映射 $\phi: A \sim 2^A$, 令 $A^* = \{a: a \in A, a \notin \phi(a)\}$, 由于 A^* 是 A 的子集, 即 $A^* \in 2^A$, 因此存在 $a^* \in A$, 使得 $\phi(a^*) = A^*$.

现在考虑 a^* 与 A^* 的关系.

1. 若 $a^* \in A^*$, 则由 A^* 的定义, 应有 $a^* \notin \phi(a^*) = A^*$;

2. 若 $a^* \notin A^* = \phi(a^*)$, 则由 A^* 的定义, 应有 $a^* \in A^*$.

构造出矛盾. 证得 $\overline{\overline{2^A}} > \bar{\bar{A}}$.

注   本例说明 A 集合幂集的势总是大于 A 集的势. 因此不存在最大势的集合.

例题 1.11   若 E 是可列集, 则 E 的所有子集组成集合的势是 C, 即 $2^{C_0} = C$.

证明   设 $E = \{a_1, \cdots, a_k, \cdots\}$, 那么所有 E 子集组成的集合为 $\mathcal{F}$. 任取 $a \in \mathcal{F}$, 定义 $f(a) = 0.t_1 t_2 \cdots t_k \cdots$ 其中

$$t_k = \begin{cases} 1, & a_k \in a \\ 0, & a_k \notin a \end{cases}$$

例如 $f(\{a_1, a_2, a_5\}) = 0.110010\cdots$, 则映射 $f(a)$ 在二进制格式下构成了 $[0, 1]$ 子集上的一一映射. 另外, 结合例题 1.10 便得出结论.

[①]实际上对于 $(0, 1)$ 集合上的点可以用 p 进制表示. p 进制 ($p \geqslant 2$ 为正整数) 无穷小数定义为: $0.a_1 a_2 a_3 \cdots = \sum_{k=1}^{\infty} \frac{a_k}{p^k}$. 其中 a_k 取值为 $0, 1, 2, \cdots, p - 1$. 这里我们类似地定义 $0.i_1 00 \cdots$ 与 $0.(i_1 - 1)(p-1)(p-1) \cdots$ 为同一个元素.

习题 3

✍ 练习 1.14 设：$A \backslash B \sim B \backslash A$，则 $A \sim B$.

✍ 练习 1.15 设：$A \subset B$ 且 $A \sim A \cup C$，则 $B \sim B \cup C$.

✍ 练习 1.16 证明：对于 $k \in \mathbf{N}$，在欧式空间 $\mathbf{R}^k$ 中互不相交的开球组成的集合是可数集.

✍ 练习 1.17 证明：由所有系数为有理数的多项式所组成的集合是可数集.

✍ 练习 1.18 证明：$[0,1]$ 上全体连续实函数组成的集合，记为 $C([0,1])$，是连续势集.

✍ 练习 1.19 证明：$[0,1]$ 上全体实函数组成的集合的势是 2^c.

✍ 练习 1.20 证明：若直线上集合 E 的任意两点之间的距离大于 1，则集合 E 为有限集或可数集.

✍ 练习 1.21 求自然数的一切严格单调的序列构成的集合的势.

✍ 练习 1.22 求不含数字 7 的所有自然数序列全体构成的集合的势.

✍ 练习 1.23 求：(1) 平面上一切圆所构成的集合的势；
　　　　　　　(2) 平面上两两互不相交的圆构成的集合的势.

✍ 练习 1.24 证明：若 $\bigcup\limits_{k=1}^{\infty} A_k$ 的势是 C，则至少存在一个 A_k 的势是 C.

1.4　n 维空间中的点集

本节及后续部分，我们默认"数学分析"课程中学过的关于点和集合关系的一些定义：内点、外点、边界点、聚点、孤立点等. 后文中记 $O_{(p_0,\delta)}$ 为以 p_0 为中心、δ 为半径的邻域.

> **定义 1.11**
>
> 1. 点 p_0 为 E 的接触点：$\forall \delta > 0$，有 $O_{(p_0,\delta)} \cap E \neq \varnothing$；
> 2. 点 p_0 为 E 的聚点：$\forall \delta > 0$，有 $O_{(p_0,\delta)} \cap (E - \{p_0\}) \neq \varnothing$，记 E 的全体聚点组成的集合为 E'，并称 E' 为 E 的导集；
> 3. 记 $\overline{E} = E' \cup E$，称作集合 E 的闭包. ♣

注　接触点、聚点、边界点不一定属于 E，内点、孤立点一定属于集合 E. 聚点一定是接触点，反之不然.

> **定义 1.12**
>
> 1. 记 $E^0 = \{x \,|\, x \in E$ 且 x 是 E 的内点$\}$，若 $E^0 = E$，则称 E 是开集；
> 2. 若 $\overline{E} = E' \cup E = E$，即 $E' \subset E$ 时，称 E 是闭集. ♣

性质 [8]　开集与闭集的对偶性:

　　(1) 闭集的补集是开集;

　　(2) 开集的补集是闭集.

证明　下面只证明 (2) 即可. 设 E 是开集时, 则 $\forall x \in E, \exists O_{(x,\delta)} \subset E$. 即有 $O_{(x,\delta)} \cap E^c = \varnothing$, 说明 x 是 E^c 的外点. 也说明 E^c 的接触点一定在 E^c 内, 即 $(E^c)' \subset E^c$. 因此 E^c 是闭集.

性质 [9]　(1) 任意多个开集的并是开集;

　　　　　　(2) 任意多个闭集的交是闭集;

　　　　　　(3) 有限个开集的交是开集.

证明

(1) 记 $I = \bigcup\limits_{\alpha \in \Gamma} I_\alpha$, 当 I_α 均是开集时, $\forall x_0 \in I$, 则 $\exists \alpha \in \Gamma$, 使 $x_0 \in I_\alpha$. 且 $\exists O_{(x_0,\delta)} \subset I_\alpha \subset I$. 即 x_0 是 I 的内点, 得 I 是开集.

(2) 记 $F \triangleq \bigcap\limits_{\alpha \in \Gamma} F_\alpha$ 且 F_α 是闭集. 由 $F^c = \left(\bigcap\limits_{\alpha \in \Gamma} F_\alpha \right)^c = \bigcup\limits_{\alpha \in \Gamma} F_\alpha^c$ 是开集, 从而 F 是闭集.

(3) 记 $\{I_i\}_{1 \leqslant i \leqslant k}$ 是开集列, 下面证明 $\bigcap\limits_{i=1}^{k} I_i$ 是开集.

　$\forall x \in \bigcap\limits_{i=1}^{k} I_i$, 则 $x \in I_i, i = 1, \cdots, k$. 由 I_i 均是开集, 则 $\exists O_{(x,\delta_i)} \subset I_i$, 取 $\delta = \min\{\delta_1, \cdots, \delta_k\}$, 则 $O_{(x,\delta)} \subset I_i, i = 1, \cdots, k$, 从而 $\bigcap\limits_{i=1}^{k} I_i$ 是开集.

例题 1.12　无限个开集的交不一定是开集, 如 $\bigcap\limits_{n=1}^{\infty} \left(-\frac{1}{n}, 1 + \frac{1}{n} \right) = [0, 1]$.

性质 [10]　$\mathbf{R}^1$ 上的开集 I 可由至多可列个互不相交开区间的并. 即

$$I = \bigcup\limits_{i \in \mathbf{N}} (\alpha_i, \beta_i), \text{其中 } (\alpha_i, \beta_i) \text{ 称作是开集 } I \text{ 的\textbf{构成区间}}.$$

证明　由于 I 是开集, $\forall x_0 \in I$, 取 $\beta = \sup\{x | (x_0, x) \subset I\}$; $\alpha = \inf\{x | (x, x_0) \subset I\}$. 则 (α, β) 是一个构成区间 (用反证法易得, 任意两个不同的构成区间互不相交). 而在 $\mathbf{R}$ 上, 互不相交的开区间列是至多可列个, 从而 $I = \bigcup\limits_{i \in \mathbf{N}} (\alpha_i, \beta_i)$.

注　$\mathbf{R}^n$ 中的开集可以由至多可列的互不相交的半开闭矩体并成. 详见郑维行、王声望编的《实变函数与泛函分析概要》.

> **定义 1.13 (G_δ、F_σ 型集)**
>
> 　　$\mathbf{R}^n$ 中可数个开集的交, 称作 G_δ 型集; 可数个闭集的并, 称作 F_σ 型集. ♣

注　当 G_i 是开集时, 则 G_i^c 是闭集. 从而当 $G_\delta \triangleq \bigcap\limits_{i=1}^{\infty} G_i$ 时, $G_\delta^c = \left(\bigcap\limits_{i=1}^{\infty} G_i \right)^c = \bigcup\limits_{i=1}^{\infty} G_i^c$ 是 F_σ 型集.

> **定义 1.14 [σ 代数与博雷尔 (Borel) 集]**
>
> 设 Γ 是集合 X 中一些子集所构成的集合簇，且满足：
>
> (1) $\varnothing \in \Gamma$；
>
> (2) 若 $A \in \Gamma$，则 $A^c \in \Gamma$；
>
> (3) 若 $A_k \in \Gamma\ (k = 1, 2, \cdots)$，则 $\bigcup\limits_{k=1}^{\infty} A_k \in \Gamma$.
>
> 则称 Γ 是一个 σ 代数.
>
> 　　由 $\mathbf{R}^n$ 中一切开集构成的开集族所生成的 σ 代数为 Borel 代数，而 Borel 代数中的元素称为 Borel 集.

注　显然 $\mathbf{R}^n$ 中的闭集、开集、G_δ 型集、F_σ 型集均是 Borel 集. Borel 集的并、交、补、上（下）极限集也均是 Borel 集.

1.5　完备集

对于无孤立点的闭集，在分析运算时（特别是极限运算），具有重要意义.

> **定义 1.15 (完备集)**
>
> 1. 若 $E \subset E'$，即 E 的每一点都是自身的聚点时，则称 E 是自密集；
> 2. 若 $E = E'$，则称 E 是完备集.

注　从上述的定义来看，完备集从直观上看可能是连续的"块"，实际上不然. 下面有个著名的反例：康托集.

> **定义 1.16 [康托 (Cantor) 集]**
>
> 　　对 $[0, 1]$ 区间三等分，去掉中间一个开区间，将其记为 $I_{(1)}^1$，然后对留下的两个闭区间三等分，各自去掉中间一个开区间，此过程一直进行下去. 令 $G = \bigcup\limits_{k, i} I_{(k)}^i$，称 $P = [0, 1] - G = [0, 1] \cap G^c$ 为康托（Cantor）集.

性质 [11]　康托集的性质.

(1) 分割点一定在康托集 P 中，且 $P = [0, 1] - G = [0, 1] \cap G^c$ 是闭集，其中 $G = \bigcup\limits_{k, i} I_{(k)}^i$；

(2) 康托集 P 的"长度"为 0；

(3) P 没有内点；

(4) 康托集 P 中的点全为聚点，没有孤立点；

(5) 康托集 P 的势为 C.

证明   由康托集的构造过程可知 (1)，下面只用证明 (2)~(5).

(1) 第 k 次共去掉 2^{k-1} 个长为 $\frac{1}{3^k}$ 的开区间. 则构造中去掉的区间长度和为

$$\sum_{k=1}^{\infty} \frac{1}{3^k} \cdot 2^{k-1} = \frac{\frac{1}{3}}{1-\frac{2}{3}} = 1;$$

(2) 对任意 $x \in P$，x 必含在去掉连续进行到第 k 次时留下的 2^k 个长为 $\frac{1}{3^k}$ 的互不相交的某个闭区间 $I_{(k)}^i$ 中. $\forall \delta > 0$，当 $\frac{1}{3^k} < \delta$ 时，有 $I_{(k)}^i \subset O_{(x,\delta)}$. 由康托集的做法知，要继续三等分并去掉中间一个开区间，从而 $O_{(x,\delta)}$ 内至少一点不属于 P，所以 x 不是 P 的内点；

(3) 对任意 $x \in P$ 只要证：$\forall \delta > 0$，有 $O_{(x,\delta)} \cap (P - \{x\}) \neq \varnothing$. 由构造过程可知 $\exists k$，使得 $\delta > \frac{1}{3^k}$ 及某个 i，使 $O_{(x,\delta)} \supset I_{(k)}^i$，而 $I_{(k)}^i$ 的两个端点定在 P 中，从而 $O_{(x,\delta)} \cap (P - \{x\}) \neq \varnothing$，从而 x 为 P 的聚点，当然不为孤立点；

(4) 把 $[0,1]$ 区间中的点都写成三进制小数，则由康托集的做法：去掉的点为小数位出现 1 的点的全体，从康托集为小数位只是 0，2 的点的全体，做对应

$$\text{三进制数}: 0.a_1 a_2 a_3 \cdots \rightarrow 0.\frac{a_1}{2} \frac{a_2}{2} \frac{a_3}{2} \cdots \text{二进制数}，\text{是到 } [0,1] \text{ 的一一映射}.$$

注   康托集说明了"长度"为 0 的集合的元素"个数"和长度为"1"的集合 $[0,1]$ 可以等势. 学习下一章后会发现：一维空间中点集的"势"和"长度"是刻画集合的不同方式.

习题 4

✎ **练习 1.25**   集合 $E \subset \mathbf{R}^n$ 的孤立点集是至多可数集.

✎ **练习 1.26**   若集合 A 不可数，则其导集 A' 也不可数.

✎ **练习 1.27**   证明 $\mathbf{R}^n$ 上的每个闭集可以表示为可列个开集的交；每个开集可表示为可列个闭集的并.

✎ **练习 1.28**   分析下面各式是否成立. 若成立则给出证明，若不成立则给出反例.

(1) 若 $A \subset B$，则 $A^o \subset B^o$；

(2) $(A \cup B)^o = A^o \cup B^o$.

✎ **练习 1.29**   设函数 $f(x)$ 在 $\mathbf{R}$ 上处处可微，证明：$E = \{x \in \mathbf{R} | f(x) = 0 \text{ 且 } f'(x) \neq 0\}$ 的点都是孤立点.

✎ **练习 1.30**   设集合 E 是康托集的余集的构成区间中的点所构成的集合. 试求 E'.

✎ **练习 1.31**   证明：

(1) $\mathbf{R}$ 中的开集、闭集都是 Borel 集合；

(2) $\mathbf{R}$ 中的可数集是 Borel 集；

(3) $\mathbf{R}$ 中的半开闭区间 $[a,b)$（其中 $a,b \in \mathbf{R}$）是 Borel 集.

✍ **练习 1.32**　设 $f(x)$ 是定义在 **R** 上的实值函数，对于 $\forall k \in \mathbf{Z}^+$，记

$$G_k = \{a \in \mathbf{R} | 存在\ \delta > 0，对于\ \forall b, c \in (a - \delta, a + \delta)\ 使得\ |f(b) - f(c)| < \tfrac{1}{k}\}$$

证明：

(1) 对于 k 取定，G_k 是 **R** 中的开集；

(2) $f(x)$ 连续点组成的集合是：$\bigcap\limits_{k=1}^{\infty} G_k$；

(3) $f(x)$ 连续点组成的集合是 Borel 集.

第 2 章　测度论

上一章中的"势"是度量集合特征的一种方式. 但是在上一章中, 康托集的"势"和实数区间 $[0,1]$ 的"势"相同, 但康托集的长度为零. 这说明在用"势"度量集合时, 并不完善.

常规 $\mathbf{R}^n$ 空间中特殊点集通常可以用一些比如长度、面积、体积等指标来度量, 那么对于一般的集合是否可以定义类似的结构? 前人在这方面有大量的尝试, 后来勒贝格在前人的基础上改进了构造方式, 得到了目前广泛使用的点集度量方法——勒贝格度量. 本章将介绍这类度量. 为了方便说明, 我们称 $\mathbf{R} \cup \{\pm\infty\}$ 为广义实数集, 即将 $\pm\infty$ 看成特殊的实数.

2.1　外测度

设 $E \subset \mathbf{R}^n$, 记 $I = \{(x_1, \cdots, x_n) | a_k < x_k < b_k, k = 1, \cdots, n\}$, 称 I 是 $\mathbf{R}^n$ 中的开矩体, 并定义

$$|I|_{\text{体积}} = (b_1 - a_1)(b_2 - a_2) \cdots (b_k - a_k) = \prod_{k=1}^{n}(b_k - a_k)$$

> **定义 2.1 (外测度)**
>
> 记 $E \subset \mathbf{R}^n$ 是一个点集, $\{I_k\}_{k \in \mathbf{N}}$ 是 $\mathbf{R}^n$ 中的一列开矩体, 且使得 $\bigcup\limits_{k=1}^{\infty} I_k \supset E$, 则称:
>
> $$m^*E = \inf\left\{\sum_{k=1}^{\infty}|I_i| \,\Big|\, \bigcup_{k=1}^{\infty} I_k \supset E\right\} \text{ 是 } E \text{ 的外测度}$$
> ♣

注　这里不能像"数学分析"课程中那样, 对 E 用有限个区间体积和的下确界来定义外侧度 (请思考并给出反例).

例题 2.1　若 $I \subset \mathbf{R}^n$ 是一个矩体, 则 $m^*I = |I|$.

证明　设 $I \subset \mathbf{R}^n$ 是任一开矩体, $\{I_k\}$ 构成 I 的覆盖. 记 $\bar{I}_k, \bar{I}$ 分别为 I_k 和 I 的闭包. 则有

1. $m^*I \leqslant |I| \leqslant |\bar{I}|$;

2. 令 $I_\lambda (0 < \lambda < 1)$ 是与 I 同心, 边长是 I 的 λ 倍的开矩体, $\bar{I}_\lambda$ 是 I_λ 的闭包, 则 $\{I_k\}$ 也能覆盖 I_λ 及 $\bar{I}_\lambda$. 由有限覆盖定理, 存在 N_0, 使得 $\bar{I}_\lambda \subset \bigcup\limits_{k=1}^{N_0} I_k$. 由外测度

定义可得：

$$\sum_{k=1}^{\infty} |I_k| \geqslant \sum_{k=1}^{N_0} |I_k| \geqslant |\bar{I}_\lambda| = \lambda^n |\bar{I}|$$

令 $\lambda \to 1^-$，则有 $\sum\limits_{k=1}^{\infty} |I_k| \geqslant |\bar{I}|$（极限保号性）. 从而由外测度定义得：$m^*I \geqslant |\bar{I}| > |I|$.

注　对于常规 $\mathbf{R}^n$ 中的"矩体"来讲，外测度的定义与常规的"体积"的定义相容.

性质 [1]　外测度的性质：

(1) 单调性：若 $A \subset B$，则 $m^*A \leqslant m^*B$；

(2) 非负性：$m^*E \geqslant 0$，当 E 为空集时，$m^*\varnothing = 0$；

(3) 次可数可加性：设 $\{A_k\}_{k \in \mathbf{N}}(\subset \mathbf{R}^n)$ 为集合列，则 $m^* \left(\bigcup\limits_{k=1}^{\infty} A_k \right) \leqslant \sum\limits_{k=1}^{\infty} m^*A_k$.

证明　由外测度定义可知：

(1) 是自然的.

(2) 可得 $m^*E = \inf \left\{ \sum\limits_{k=1}^{\infty} |I_k| \,\Big|\, \bigcup\limits_{k=1}^{\infty} I_k \supset E \right\} \geqslant 0$.

同时 $\forall a \in \mathbf{R}$ 及 $\forall \varepsilon > 0$，恒有

$$\left(a - \frac{\varepsilon}{2}, a + \frac{\varepsilon}{2} \right) \supset \varnothing$$

此时 $0 \leqslant m^*\varnothing \leqslant m^* \left(a - \frac{\varepsilon}{2}, a + \frac{\varepsilon}{2} \right) = \varepsilon$，因此 $m^*\varnothing = 0$.

(3) $\forall \varepsilon > 0$，由外测度定义：对任一 A_k，$\exists \{I_{ki}\}$ 使得

$$A_k \subset \bigcup_{i=1}^{\infty} I_{ki}, \ m^*A_k \leqslant \sum_{i=1}^{\infty} |I_{ki}| \leqslant m^*A_k + \frac{\varepsilon}{2^k}$$

从而 $\bigcup\limits_{k=1}^{\infty} A_k \subset \bigcup\limits_{k=1}^{\infty} \bigcup\limits_{i=1}^{\infty} I_{ki}$，且

$$\sum_{k,i=1}^{\infty} |I_{ki}| = \sum_{k=1}^{\infty} \left(\sum_{i=1}^{\infty} |I_{ki}| \right) \leqslant \sum_{k=1}^{\infty} \left(m^*A_k + \frac{\varepsilon}{2^k} \right) \leqslant \sum_{k=1}^{\infty} m^*A_k + \varepsilon$$

从而可得：

$$m^* \left(\bigcup_{k=1}^{\infty} A_k \right) \leqslant \sum_{k,i=1}^{\infty} |I_{ki}| \leqslant \sum_{k=1}^{\infty} m^*A_k + \varepsilon$$

由 $\varepsilon > 0$ 的任意性，得 $m^* \left(\bigcup\limits_{k=1}^{\infty} A_k \right) \leqslant \sum\limits_{k=1}^{\infty} m^*A_k$.

例题 2.2　证明 $\mathbf{Q}^2$ 外测度为 0.

证明　由于 $\mathbf{Q}^2$ 是可数集，可记 $\mathbf{Q}^2 = \{(x_1, y_1), \cdots, (x_k, y_k), \cdots, \text{且 } x_i, y_i \in \mathbf{Q}\}$，则对

$\forall \varepsilon > 0$，构造

$$I_k = \left(x_k - \sqrt{\frac{\varepsilon}{2^{k+2}}}, x_k + \sqrt{\frac{\varepsilon}{2^{k+2}}}\right) \times \left(y_k - \sqrt{\frac{\varepsilon}{2^{k+2}}}, y_k + \sqrt{\frac{\varepsilon}{2^{k+2}}}\right)$$

得 $\bigcup\limits_{k=1}^{\infty} I_k \supset \mathbf{Q}^2$，从而

$$0 \leqslant m^*(\mathbf{Q}^2) \leqslant \sum_{k=1}^{\infty} |I_k| = \sum_{k=1}^{\infty} 2\sqrt{\frac{\varepsilon}{2^{k+2}}} \cdot 2\sqrt{\frac{\varepsilon}{2^{k+2}}} = \sum_{k=1}^{\infty} \frac{\varepsilon}{2^k} = \varepsilon$$

由 $\varepsilon(> 0)$ 的任意性，有 $m^*(\mathbf{Q}^2) = 0$.

> **定义 2.2 (零测集)**
>
> 记 $E \subset \mathbf{R}^n$ 是一个点集，若 $m^*E = 0$，则称 E 是 $\mathbf{R}^n$ 上的零测集. ♣

例题 2.3 证明 $\mathbf{R}^2$ 上的任一直线的外测度为 0.

证明 只要证明 x 轴 $\mathbf{R}_x$ 的外测度为 0 即可.

$\forall \epsilon > 0$，记 $I_k = (\gamma_k - 1, \gamma_k + 1) \times \left(\frac{-\varepsilon}{2^{k+2}}, \frac{\varepsilon}{2^{k+2}}\right)$（其中 $\gamma_k \in \mathbf{Q}$）. 则 $\bigcup\limits_{k=1}^{\infty} I_k \supset \mathbf{R}$，且

$$0 \leqslant m^*(\mathbf{R}_x) \leqslant \sum_{k=1}^{\infty} |I_k| = \sum_{k=1}^{\infty} 2 \cdot \frac{\varepsilon}{2^{k+1}} = \sum_{k=1}^{\infty} \frac{\varepsilon}{2^k} = \varepsilon$$

由 ε 的任意性，有 $m^*(\mathbf{R}_x)$ 在 $\mathbf{R}^2$ 上为零.

习题 1

✍ **练习 2.1** 证明可列个零测集的并仍是零测集.

✍ **练习 2.2** 当 $m^*A = 0$ 时，证明 $\forall B \subset \mathbf{R}^n$，恒有 $m^*(A \cup B) = m^*B$.

✍ **练习 2.3** 设 $A \subset \mathbf{R}^n$ 且 $m^*A = 0$，证明对于任意 $B \subset \mathbf{R}^n$，有 $m^*(A \cup B) = m^*B = m^*(B \backslash A)$.

✍ **练习 2.4** 设 $A \subset \mathbf{R}^n$，若对任意 $x \in A$，存在开球 $B(x, \delta_x)$ 使得 $m^*(A \cap B(x, \delta_x)) = 0$，证明 $m^*A = 0$.

2.2 可测集

前面的内容说明，外测度和"常规"的体积兼容. 但不好用的地方在于"对即便互不相交的集列也不满足可加性"，这点在使用中会比较麻烦. 事实上可构造出"次可列可加性"中等号成立的例子. 为了在 $\mathbf{R}^n$ 中选出当互不相交的集列满足"次可列可加性"中等号成立的类，我们对拟研究的集合需再加一些条件.

定义 2.3 [卡拉西奥多利 (Caratheodory) 条件]

令 $E \subset \mathbf{R}^n$, 若对于任意给定的集合 $T \subset \mathbf{R}^n$, 并满足

$$m^*(T) = m^*(T \cap E) + m^*(T \cap E^c) \tag{2.1}$$

则称集合 E 满足卡拉西奥多利条件.

定义 2.4 (可测集)

令 $E \subset \mathbf{R}^n$, 若其满足卡拉西奥多利条件, 则称其为可测集, 并记 m^*E 为集合 E 的测度, 简记为 mE.

注　卡拉西奥多利条件中的 $\forall T$ 也可以换成 $\forall J \subset \mathbf{R}^n$, 其中 J 是开矩体. 证明留作课后习题.

命题 2.1

令 $E \subset \mathbf{R}^n$ 且 $\forall A \subset E, B \subset E^c$, 则 E 满足卡拉西奥多利条件等价于 $m^*(A \cup B) = m^*A + m^*B$ (外测度可加性).

证明

1. 当 E 满足卡拉西奥多利条件时, 取 $T = A \cup B$, 有:

$$m^*(A \cup B) = m^*((A \cup B) \cap E) + m^*((A \cup B) \cap E^c)$$

$$= m^*(A \cap E) + m^*(B \cap E^c) = m^*A + m^*B$$

2. 另外, 若 $\forall A \subset E, B \subset E^c$ 满足: $m^*(A \cup B) = m^*A + m^*B$, 则 $\forall T \subset \mathbf{R}^n$ 记

$$A = T \cap E, B = T \cap E^c$$

则 $m^*(A \cup B) = m^*((T \cap E) \cup (T \cap E^c)) = m^*(T \cap (E \cup E^c)) = m^*T$, 即

$$m^*T = m^*(T \cap E) + m^*(T \cap E^c)$$

例题 2.4　零测集是可测集.

证明　由于 $m^*E = 0$, 则 $\forall T \in \mathbf{R}^n$, 有:

$$m^*T \leqslant m^*(T \cap E) + m^*(T \cap E^c) \leqslant m^*E + m^*T = m^*T$$

即 $\forall T \subset \mathbf{R}^n$, $m^*T = m^*(T \cap E) + m^*(T \cap E^c)$, 得 E 是可测集.

例题 2.5　康托集是零测集, 从而也是可测集.

证明　由康托集 P 的构造做法: 在第 k 步时, 剩下 2^k 个长度为 $\frac{1}{3^k}$ 的区间, 记其为 F_k. 则有 $P \subset \bigcap\limits_{k=1}^{\infty} F_k$.

$$\forall k \in \mathbf{N} : \ 0 \leqslant m^*P = m^*\left(\bigcap_{k=1}^{\infty} F_k\right) \leqslant m^*F_k = \left(\frac{2}{3}\right)^k$$

令 $k \to \infty$，则 $m^*P = 0$.

例题 2.6　设 $A, B \subset \mathbf{R}^n$ 且 A 是可测集. 证明 $m^*(A \cup B) + m^*(A \cap B) = m^*A + m^*B$.

证明　因为 A 是可测集，则 $\forall T \subset \mathbf{R}^n$，有 $m^*T = m^*(T \cap A) + m^*(T \cap A^c)$.

1. 当 $T = A \cup B$ 时，则

$$m^*(A \cup B) = m^*((A \cup B) \cap A) + m^*((A \cup B) \cap A^c) = m^*A + m^*(B \cap A^c)$$

2. 当 $T = B$ 时，则 $m^*B = m^*(A \cap B) + m^*(A^c \cap B)$.

结合以上两式，即证.

2.2.1　可测集的运算性质

性质 [2]　若 $A \subset \mathbf{R}^n$ 可测，则 A^c 可测.（A 可测 $\Leftrightarrow A^c$ 可测）

证明　由 A 是可测集，对 $\forall T \in \mathbf{R}^n$，则 $m^*T = m^*(T \cap A) + m^*(T \cap A^c)$. 因此对 A^c 而言，也满足卡拉西奥多利条件，故 A^c 是可测集.

例题 2.7　全集 $\mathbf{R}^n$ 是可测集.

证明　由于 $(\mathbf{R}^n)^c = \phi$，且空集 ϕ 是零测集，从而 $\mathbf{R}^n$ 是可测集.

性质 [3]　若 $A, B \in \mathbf{R}^n$ 均是可测集，则 $A \cup B, A \cap B$ 均是可测集.

证明　由已知及性质 [2]，A^c, B^c 可测. 若已证得 $A \cup B$ 可测，则由 $(A \cap B)^c = A^c \cup B^c$，则 $(A \cap B)^c$ 可测. 继而由性质 [2] 得到 $A \cap B$ 可测. 因此下面只用证明 $A \cup B$ 可测即可.

对于 $\forall T \subset \mathbf{R}^n$，要验证

$$m^*T = m^*[T \cap (A \cup B)] + m^*(T \cap (A \cup B)^c) \tag{2.2}$$

由于 A 是可测集，则有 $\forall T \subset \mathbf{R}^n$

$$m^*T = m^*(T \cap A) + m^*(T \cap A^c) \tag{2.3}$$

又由 B 是可测集，则有

$$m^*(T \cap A^c) = m^*((T \cap A^c) \cap B) + m^*((T \cap A^c) \cap B^c) \tag{2.4}$$

将 (2.4) 式代入 (2.3) 式，则有

$$m^*T = m^*(T \cap A) + m^*((T \cap A^c) \cap B) + m^*((T \cap A^c) \cap B^c) \tag{2.5}$$

注意到 A 可测，$(T \cap A^c) \cap B \subset A^c$ 及 $T \cap A \subset A$. 由命题 2.1 得：

$$m^*(T \cap A) + m^*((T \cap A^c) \cap B) = m^*((T \cap A) \cup ((T \cap A^c) \cap B)) = m^*(T \cap (A \cup B))$$

将上式代入 (2.5) 式，且 $(T \cap A^c) \cap B^c = T \cap (A \cup B)^c$ 可得 (2.2) 式.

性质 [4]　若 $\{A_i\}_{i\in\mathbf{N}}$ 是可测集列，则 $\bigcup\limits_{i=1}^{\infty}A_i$、$\bigcap\limits_{i=1}^{\infty}A_i$ 均为可测集. 且若 A_i 两两互不相交，有：

$$m^*\left(\bigcup_{i=1}^{\infty}A_i\right)=\sum_{i=1}^{\infty}m^*A_i(\text{可列可加性})$$

证明　若 $\bigcup\limits_{i=1}^{\infty}A_i$ 是可测集，那么由性质 [2] 可知：

$$\bigcap_{i=1}^{\infty}A_i\text{ 可测}\Leftrightarrow\left(\bigcap_{i=1}^{\infty}A_i\right)^c\text{ 可测}\Leftrightarrow\bigcup_{i=1}^{\infty}A_i^c\text{ 可测}$$

下面只用证明 $\bigcup\limits_{i=1}^{\infty}A_i$ 可测，即验证 $\forall T\subset\mathbf{R}^n$ 成立

$$m^*T=m^*\left(T\cap\left(\bigcup_{i=1}^{\infty}A_i\right)\right)+m^*\left(T\cap\left(\bigcup_{i=1}^{\infty}A_i\right)^c\right)$$

1. 由外测度的次可加性得：

$$m^*T\leqslant m^*\left(T\cap\left(\bigcup_{i=1}^{\infty}A_i\right)\right)+m^*\left(T\cap\left(\bigcup_{i=1}^{\infty}A_i\right)^c\right)$$

2.（不妨假设 A_i 两两互不相交）已知 $\bigcup\limits_{i=1}^{k}A_i$ 可测（由性质 [3] 得），$\forall T\subset\mathbf{R}^n$，有

$$\begin{aligned}
m^*T&=m^*\left(T\cap\left(\bigcup_{i=1}^{k}A_i\right)\right)+m^*\left(T\cap\left(\bigcup_{i=1}^{k}A_k\right)^c\right)\\
&\geqslant m^*\left(T\cap\left(\bigcup_{i=1}^{k}A_i\right)\right)+m^*\left(T\cap\left(\bigcup_{i=1}^{\infty}A_i\right)^c\right)\\
&=m^*\left(\bigcup_{i=1}^{k}(T\cap A_i)\right)+m^*\left(T\cap\left(\bigcup_{i=1}^{\infty}A_i\right)^c\right)\\
&=\sum_{i=1}^{k}m^*(T\cap A_i)+m^*\left(T\cap\left(\bigcup_{i=1}^{\infty}A_i\right)^c\right)
\end{aligned}\tag{2.6}$$

对上式两边同时令 $k\to\infty$ 取极限，并利用次可加性，得

$$\begin{aligned}
m^*T&\geqslant\sum_{i=1}^{\infty}m^*(T\cap A_i)+m^*\left(T\cap\left(\bigcup_{i=1}^{\infty}A_i\right)^c\right)\\
&\geqslant m^*\left(\bigcup_{i=1}^{\infty}(T\cap A_i)\right)+m^*\left(T\cap\left(\bigcup_{i=1}^{\infty}A_i\right)^c\right)\\
&=m^*\left(T\cap\left(\bigcup_{i=1}^{\infty}A_i\right)\right)+m^*\left(T\cap\left(\bigcup_{i=1}^{\infty}A_i\right)^c\right)
\end{aligned}\tag{2.7}$$

3. 下面要证：当 A_i 两两互不相交时，$m^*\left(\bigcup\limits_{i=1}^{\infty} A_i\right) = \sum\limits_{i=1}^{\infty} m^* A_i$.

取 $T = \bigcup\limits_{i=1}^{\infty} A_i$，则由 (2.6) 式得

$$m^* T \geqslant m^*\left(\bigcup_{i=1}^{k} A_i\right) + m^*\left(T \cap \left(\bigcup_{i=1}^{\infty} A_i^c\right)\right)$$

等价于

$$m^*\left(\bigcup_{i=1}^{\infty} A_i\right) \geqslant m^*\left(\bigcup_{i=1}^{k} A_i\right) + m^*\left(\left(\bigcup_{i=1}^{\infty} A_i\right) \cap \left(\bigcup_{i=1}^{\infty} A_i\right)^c\right) = \sum_{i=1}^{k} m^* A_i$$

令 $k \to \infty$，则有

$$m^*\left(\bigcup_{i=1}^{\infty} A_i\right) \geqslant \sum_{i=1}^{\infty} m^* A_i \tag{2.8}$$

再由外测度的次可加性 $m^*\left(\bigcup\limits_{i=1}^{\infty} A_i\right) \leqslant \sum\limits_{i=1}^{\infty} m^* A_i$，从而得 $m^*\left(\bigcup\limits_{i=1}^{\infty} A_i\right) = \sum\limits_{i=1}^{\infty} m^* A_i$.

性质 [5] （测度的减法公式）当 $A \subset B$，A, B 均为可测集，且 B 的测度有限时：$m(B - A) = mB - mA$.

证明 因为 A 可测，则 $\forall T \in \mathbf{R}^n, m^* T = m^*(T \cap A) + m^*(T \cap A^c)$. 取 $T = B$，则有

$$m^* B = m^*(B \cap A^c) + m^*(B \cap A) = m^*(B - A) + m^* A$$

例题 2.8 设 $[0,1]$ 的可测子集列 $\{A_i\}, i = 1, \cdots, k$ 满足 $\sum\limits_{i=1}^{k} mA_i > k-1$，则 $\bigcap\limits_{i=1}^{k} A_i$ 必有正测度.

证明 由减法公式，可得

$$m\left(\bigcap_{i=1}^{k} A_i\right) = m\left[\left(\left(\bigcap_{i=1}^{k} A_i\right)^c\right)^c\right] = m\left([0,1] - \left(\bigcap_{i=1}^{k} A_i\right)^c\right)$$

$$= m\left([0,1] - \left(\bigcup_{i=1}^{k} A_i^c\right)\right) = m[0,1] - m\left(\bigcup_{i=1}^{k} A_i^c\right)$$

$$\geqslant 1 - \sum_{i=1}^{k} m\left(A_i^c\right) = 1 - \sum_{i=1}^{k} m\left([0,1] - A_i\right)$$

$$= 1 - \sum_{i=1}^{k} 1 + \sum_{i=1}^{k} mA_i = \sum_{i=1}^{k} mA_i - (k-1) > 0 \quad \left(\text{由 } \sum_{i=1}^{k} mA_i > k-1\right)$$

性质 [6] 单调集列测度的性质.

(1) 设 A_k 是渐张且可测集列，则 $m(\lim\limits_{k \to \infty} A_k) = \lim\limits_{k \to \infty} mA_k$.

(2) 设 B_k 是渐缩且可测集列，且 $\exists N_0$ 使 $mB_{N_0}<+\infty$，则 $m\left(\lim\limits_{k\to\infty}B_k\right)=\lim\limits_{k\to\infty}mB_k.$

证明

1. 因为 A_k 是渐张集列，$A_k\subset A_{k+1},\cdots$ 且 $\lim\limits_{k\to\infty}A_k=\bigcup\limits_{k=1}^{\infty}A_k$，因此 $\lim\limits_{k\to\infty}A_k$ 可测.

进而

(1) 若 $\lim\limits_{k\to\infty}mA_k=+\infty$，有 $m\left(\lim\limits_{k\to\infty}A_k\right)=+\infty$，则 $\lim\limits_{k\to\infty}mA_k=m\left(\lim\limits_{k\to\infty}A_k\right)=+\infty.$

(2) 若 $\lim\limits_{k\to\infty}mA_k<+\infty$，记 $A_0=\varnothing$,

$$S_1=A_1$$

$$S_2=A_2\backslash A_1\ (\text{则 }S_2\cap S_1=\varnothing)$$

$$S_3=A_3\backslash\left(\bigcup_{k=1}^{2}A_k\right)=A_3\backslash A_2\quad(\text{用到集合列 }A_k\text{ 的渐张性})$$

$$\vdots$$

$$S_k=A_k\backslash A_{k-1},\cdots$$

则 S_i 与 S_j，当 $i\neq j$ 时互不相交，且 $\bigcup\limits_{k=1}^{\infty}A_k=\bigcup\limits_{k=1}^{\infty}S_k.$ 由性质 [5] 可知：

$$m\left(\lim_{k\to\infty}A_k\right)=m\left(\bigcup_{k=1}^{\infty}A_k\right)=m\left(\bigcup_{k=1}^{\infty}S_k\right)=\sum_{k=1}^{\infty}mS_k$$

$$=\lim_{N_0\to\infty}\sum_{k=1}^{N_0}mS_k=\lim_{N_0\to\infty}\left[\sum_{k=1}^{N_0}m(A_k\backslash A_{k-1})\right]$$

$$=\lim_{N_0\to\infty}\left[\sum_{k=1}^{N_0}(mA_k-mA_{k-1})\right]=\lim_{k\to\infty}mA_k$$

2. 设 B_k 是渐缩可测集列，且 $\exists N_0$，使 $mB_{N_0}<+\infty$，构造 $S_k=B_{N_0}-B_k\ (k=N_0+1,N_0+2,\cdots)$，则 S_k 是一个渐张的集列. 由第一步的结论知：

$$m\left(\lim_{k\to\infty}S_k\right)=\lim_{k\to\infty}mS_k=\lim_{k\to\infty}m(B_{N_0}-B_k)=mB_{N_0}-\lim_{k\to\infty}mB_k$$

而 $\lim\limits_{k\to\infty}S_k=\bigcup\limits_{k=N_0+1}^{\infty}S_k=\bigcup\limits_{k=N_0+1}^{\infty}(B_{N_0}\backslash B_k)=\bigcup\limits_{k=N_0+1}^{\infty}(B_{N_0}\cap B_k^c)$

$$=B_{N_0}\cap\left(\bigcup_{k=N_0+1}^{\infty}B_k^c\right)$$

则

$$m\left(\lim_{k\to\infty}S_k\right)=m\left(B_{N_0}\cap\left(\bigcup_{k=N_0+1}^{\infty}B_k^c\right)\right)=m\left(B_{N_0}\cap\left(\bigcap_{k=N_0+1}^{\infty}B_k\right)^c\right)$$

$$= m\left(B_{N_0} - \left(\bigcap_{k=N_0+1}^{\infty} B_k\right)\right) = mB_{N_0} - m\left(\bigcap_{k=N_0+1}^{\infty} B_k\right)$$

$$= mB_{N_0} - m\left(\lim_{k\to\infty} B_k\right) \tag{2.9}$$

因为 $mS_k = mB_{N_0} - mB_k$，则令 $k\to +\infty$，得：

$$m\left(\lim_{k\to\infty} S_k\right) = \lim_{k\to\infty} mS_k = mB_{N_0} - \lim_{k\to\infty} mB_k$$

$$= mB_{N_0} - m\left(\lim_{k\to\infty} B_k\right) \quad \text{（由减法公式得）}$$

由此便得 $m\left(\lim\limits_{k\to\infty} B_k\right) = \lim\limits_{k\to\infty} mB_k$.

注 当 B_k 为渐缩集列时，若去掉条件 $mB_{N_0} < +\infty$，结论可能不成立.

例题 2.9 (反例) 设 $B_k = (k, +\infty)$，且此时 $\lim\limits_{k\to\infty} B_k = \bigcap\limits_{k=1}^{\infty} B_k = \varnothing$. 但 $mB_k = +\infty$，因此

$$\lim_{k\to\infty} m(B_k) = +\infty \neq m\left(\lim_{k\to\infty} B_k\right) = 0$$

性质 [7] （一般可测集列的上、下极限集的可测性）设 $\{A_k\}(k=1,2,\cdots)$ 是可测集列，且 $\exists k_0$，使 $m\left(\bigcup\limits_{k=k_0}^{\infty} A_k\right) < +\infty$. 若 $\lim\limits_{k\to\infty} A_k$ 存在，则其极限集也可测，且 $m\left(\lim\limits_{k\to\infty} A_k\right) = \lim\limits_{k\to\infty} mA_k$.

证明 由上、下极限集的定义：$\overline{\lim\limits_{k\to\infty}} A_k = \bigcap\limits_{N_0=1}^{\infty} \bigcup\limits_{k=N_0}^{\infty} A_k$，$\underline{\lim\limits_{k\to\infty}} A_k = \bigcup\limits_{N_0=1}^{\infty} \bigcap\limits_{k=N_0}^{\infty} A_k$，可测性是显然的.

注意到 $m\left(\lim\limits_{k\to\infty} A_k\right)$ 是一个非负的广义实数，$\{mA_k\}$ 是非负广义实数列. 下面要证明数列 $\{mA_k\}$ 当 $k\to\infty$ 时极限存在，并等于 $m\left(\lim\limits_{k\to\infty} A_k\right)$，为此只用证明数列 $\{mA_k\}$ 的上、下极限都等于 $m\left(\lim\limits_{k\to\infty} A_k\right)$ 即可.

1. 记 $S_k = \bigcup\limits_{i=k}^{\infty} A_i$，则 S_k 是渐缩集列. 且由条件 $\exists k_0, m(S_{k_0}) = m\left(\bigcup\limits_{i=k_0}^{\infty} A_i\right) < +\infty$，则

$$\lim_{k\to\infty} mS_k = m\left(\lim_{k\to\infty} S_k\right) = m\left(\bigcap_{k=1}^{\infty} \bigcup_{i=k}^{\infty} A_i\right) \quad \text{（由 $\{S_k\}$ 的渐缩性得）}$$

$$= m\left(\overline{\lim_{k\to\infty}} A_k\right) = m\left(\lim_{k\to\infty} A_k\right)$$

另外当 $k > k_0$ 时，$A_k \subset S_k$，则 $0 \leqslant mA_k \leqslant mS_k$. 令 $k\to\infty$，有

$$0 \leqslant \overline{\lim_{k\to\infty}} mA_k \leqslant \lim_{k\to\infty} mS_k = m\left(\lim_{k\to\infty} A_k\right) \quad \text{（最后一个等号用到上一个式子）}$$

2. 令 $F_k = \bigcap\limits_{i \geqslant k}^{\infty} A_i$，则 F_k 是渐张集列.

$$\lim_{k \to \infty} mF_k = m\left(\lim_{k \to \infty} F_k\right) = m\left(\bigcup_{k=1}^{\infty} \bigcap_{i=k}^{\infty} A_i\right) = m\left(\varliminf_{k \to \infty} A_k\right) = m\left(\lim_{k \to \infty} A_k\right)$$

注意到 $A_k \supset F_k$，则有 $mA_k \geqslant mF_k$. 可得

$$\varliminf_{k \to \infty} mA_k \geqslant \lim_{k \to \infty} mF_k = m\left(\lim_{k \to \infty} A_k\right)$$

结合以上两步，则 $m\left(\lim_{k \to \infty} A_k\right) \leqslant \varliminf_{k \to \infty} mA_k \leqslant \varlimsup_{k \to \infty} mA_k \leqslant m\left(\lim_{k \to \infty} A_k\right)$.

习题 2

✍ **练习 2.5**　证明：将卡拉西奥多利条件中的 $\forall T \subset \mathbf{R}^n$ 换成 $\forall J(\text{开矩体}) \subset \mathbf{R}^n$ 时，两者表述等价.

✍ **练习 2.6** (测度平移不变)　令 $x_0 \in E \subset \mathbf{R}^n$，当 $A_1 \subset \mathbf{R}^n$ 可测时，则 $A_2 = \{y | y = x + x_0, \forall x \in A_1\}$ 也是可测集且 $mA_2 = mA_1$.

✍ **练习 2.7**　设 A 是直线上 $[0,1]$ 内的可测集，且 $mA > 0$. 证明 $\exists x_0 \in A$，使得对任意正数 δ，有 $m(A \cap (x_0 - \delta, x_0 + \delta)) > 0$.

✍ **练习 2.8**　设 $E_1 \subset E_2 \subset \mathbf{R}^n$，且 E_1 可测并满足 $mE_1 = m^*E_2 < \infty$，试证明 E_2 可测.

✍ **练习 2.9**　证明 $(-\infty, +\infty)$ 上单调函数的间断点组成的集合是零测集.

✍ **练习 2.10**　设 $E \subset \mathbf{R}^1$ 为可测集（不一定有界），若 $mE = p > 0$，则 $\forall q \in [0, p]$，存在可测子集 $E_1 \subset E$ 使得：$mE_1 = q$.

✍ **练习 2.11**　设 $A \subset \mathbf{R}^n$ 是可测集且 $mA < +\infty$，如果 A 的可测子集列 $\{A_k\}_{k=1}^{\infty}$ 满足 $\sum\limits_{k=1}^{\infty} mA_k < \infty$，证明 $m\left(\varlimsup_{k \to \infty} A_k\right) = 0$.

2.3　可测集的结构

可测性是对集合特征的一个新的分类方式，为了方便初学者理解，我们下面将对 $\mathbf{R}^n$ 中"可测集"与常见的开、闭集等类型集合的关系给出进一步的说明.

例题 2.10　$\mathbf{R}^n$ 中的任何矩体（开、闭或半开闭等）I 都是可测集，且 $mI = |I|$.

证明　为方便起见，我们只证 $|I| < \infty$ 的情况，对于 $|I| = \infty$ 时，我们可以将 $\mathbf{R}^n$ 分成至多可列个互不相交的"矩体" J_i 的并. 这样接下来讨论集合 $I \cap J_i$，再利用性质 [4] 即可.

当 $m^*I = |I| < \infty$ 时，即需要验证：$\forall J(\text{开矩体}) \subset \mathbf{R}^n$ 成立.

$$|J| = m^*J = m^*(J \cap I) + m^*(J \cap I^c)$$

注意到 I^c 是矩体的补，所以在给定 I 时，$J \cap I^c$ 可以有限个（不妨记为 N_0 个）"互不相交矩体 J_i" 的并（做法：对 $J - I \cap J$ 部分，按各个方向将边延长，构造相应的矩体即可），记 $J_0 = J \cap I$，则有：

$$J = \bigcup_{i=0}^{N_0} J_i$$

从而由矩体的外测度等于其体积，并且体积具有可加性，得：

$$|J| \leqslant m^*(I \cap J) + m^*(I^c \cap J) \leqslant \sum_{i=0}^{N_0} |J_i| = |J|$$

注　$\mathbf{R}^n$ 中的任何开集、闭集都是可测的.

> **命题 2.2** ($\mathbf{R}^n$ 中可测集与开集的关系)
>
> 若 $A \subset \mathbf{R}^n$ 可测，则 $\forall \varepsilon > 0$，存在开集 G，使 $A \subset G$，且 $m(G - A) < \varepsilon$. ♠

证明

1. 当 $mA < +\infty$ 时，根据外测度的定义，对 $\forall \varepsilon > 0, \exists \{I_k\}_{k \in \mathbf{N}}$(开矩体) 是 A 的一个覆盖，满足

$$A \subset \bigcup_{k=1}^{\infty} I_k, \ mA \leqslant \sum_{k=1}^{\infty} |I_k| \leqslant mA + \varepsilon$$

令 $G = \bigcup_{k=1}^{\infty} I_k$，则 G 是开集. 并且 $mA < mG \leqslant \sum_{k=1}^{\infty} |I_k| \leqslant mA + \varepsilon$，则由减法公式得：

$$m(G - A) = mG - mA < \varepsilon$$

2. 当 $mA = +\infty$，将 $\mathbf{R}^n$ 分解成互不相交的半开闭单位矩体 $\{J_k\}_{k \in \mathbf{N}}$ 的并，记

$$A_k = A \cap J_k$$

则将 A 分解成至多可列个互不相交的 A_k 的并：$A = \bigcup\limits_{k=1}^{\infty} A_k$，且 $mA_k \leqslant 1$.
则由上一步：$\forall \epsilon > 0$，$\exists G_k$ 是开集，使得 $A_k \subset G_k$ 且 $m(G_k - A_k) < \frac{\varepsilon}{2^k}$.
令 $G = \bigcup\limits_{k=1}^{\infty} G_k$(开集)，则 $E \subset G$，且

$$m(G - A) = m\left(\bigcup_{k=1}^{\infty} G_k - \bigcup_{k=1}^{\infty} A_k\right) = m\left(\bigcup_{k=1}^{\infty}(G_k - A_k)\right) \leqslant \sum_{k=1}^{\infty} \frac{\varepsilon}{2^k} = \varepsilon$$

> **命题 2.3** ($\mathbf{R}^n$ 中可测集与闭集的关系)
>
> 若 $A \subset \mathbf{R}^n$ 是可测集，则 $\forall \varepsilon > 0, \exists F$(闭集)$\subset A$，且 $m(A - F) < \varepsilon$. ♠

证明　因为 A 可测, 则 A^c 可测.

则 $\forall \varepsilon > 0, \exists G$(开集), 使得 $A^c \subset G$ 且 $m(G - A^c) < \varepsilon$, 记 $F = G^c$(闭集), 则 $F \subset A$, 且 $m(A - F) = m(A \cap F^c) = m(F^c \cap (A^c)^c) = m(G - A^c) < \varepsilon$.

> **命题 2.4 (可测集与 Borel 集的关系)**
>
> 设 $A \subset \mathbf{R}^n$, 则 A 是可测集与以下条件中任一条件等价:
>
> (1) 存在 G_δ 型集 H, 使得 $A \subset H$, 且 $m^*(H - A) = 0$ (H 和 A 之差是一个 0 测集, H 称为 A 的等测包);
>
> (2) 存在 F_σ 型集 K, 使得 $K \subset A$, 且 $m^*(A - K) = 0$ (E 和 K 之差是一个 0 测集, K 称为 A 的等测核). ♠

证明

1. 由命题 2.2, 取 $\epsilon = \frac{1}{k}$, 则存在开集 G_k, 使得 $A \subset G_k$ 且 $m^*(G_k - A) \leqslant \frac{1}{k}$. 构造 $G = \bigcap_{k=1}^{\infty} G_k$, 则 G 是 G_δ 型集, 且 $A \subset G$.

$$m^*(G - A) \leqslant m^*(G_k - A) \leqslant \frac{1}{k}$$

上式中令 $k \to \infty$, 则证明了 (1).

2. 由命题 2.3, 取 $\epsilon = \frac{1}{k}$, 则存在闭集 F_k, 使得 $F_k \subset A$ 且 $m^*(A - F_k) \leqslant \frac{1}{k}$. 构造 $F = \bigcup_{k=1}^{\infty} F_k$, 则 F 是 F_σ 型集, 且 $A \supset F$.

$$m^*(A - F) \leqslant m^*(A - F_k) \leqslant \frac{1}{k}$$

上式中令 $k \to \infty$, 则证明了 (2).

2.4　不可测集

前面分析中, 给出了可测集的特征, 通常我们接触到的集合都是可测的. 但是如果我们认同选择公理成立, 那么不可测集就可以通过选择公理构造出来.

> **命题 2.5**
>
> 在选择公理下, 当 $m^*A > 0$ 时, 可构造出包含于 A 的不可测子集. ♠

例题 2.11　利用选择公理, 可以构造 $(0,1)$ 的不可测子集.

证明　略 (读者可以参考周民强编著的《实变函数论》).

习题 3

✍ **练习 2.12**　证明：位于 x 轴上的任何集合 E（包括不可测集）在平面 xOy 上可测，并且测度为 0.

✍ **练习 2.13**　设 G 是开集，A 是零测集，证明 $\overline{G} = \overline{G - A}$.

✍ **练习 2.14**　设 $A \subset [0,1]$ 是开集，若 $mA = 1$，证明 $\overline{A} = [0,1]$. 若 $mA = 0$，证明 A 无内点.

✍ **练习 2.15**　设 $\{E_k\}$ 是 $[0,1]$ 区间中的可测集列，且 $mE_k = 1 (\forall k \in \mathbf{N})$. 证明 $m\left(\bigcap\limits_{k=1}^{\infty} E_k\right) = 1$.

✍ **练习 2.16**　若 A, B 都是 $\mathbf{R}^n$ 中的开集，且 A 是 B 的真子集，试问是否一定有 $mA < mB$？若 A 与 B 均是闭集，抑或是一个开集、一个闭集时，情况会怎样？结合以上分析，试证明以下结论：

　　(1) 证明存在开集 G，使 $m\overline{G} > mG$；

　　(2) 试作一个闭集 $F \subset [0,1]$，使 F 不含有任何开区间，且 $mF = \frac{1}{2}$；

　　(3) 设 A 是 $[0,1]$ 中有理数全体，构造一个和 A 只差 ϵ 测度的开集和闭集；

　　(4) 设 B 是 $[0,1]$ 中无理数全体，构造一个和 B 只差 ϵ 测度的开集和闭集.

✍ **练习 2.17**　记 $A \subset \mathbf{R}^n$，若存在可测集列 $\{A_k\}$、$\{B_k\}$，使得 $A_k \subset A \subset B_k$，且 $m(B_k - A_k) \xrightarrow{k \to \infty} 0$，则 A 可测.

第 3 章 可测函数

在前言中，我们曾介绍过本课程的主要目标是引入勒贝格积分. 其关键做法是对函数的值域进行分割，从而对应定义域相应分割. 而这些定义域对应的集合是否为可测集，显然依赖于函数的特征. 因而需要研究的函数必须使得分割后对应于定义域上的集合 $\{x|x \in E, y_i \leqslant f(x) \leqslant y_{i+1}\}$ 是可测集. 我们称满足这类性质的函数为可测函数.

为方便起见，在广义实数集中，我们先约定以下的运算：

(1) $\forall x \in \mathbf{R}$ 且 $|x| < \infty$, 则 $\pm\infty + x = x + (\pm\infty) = x - (\mp\infty) = \pm\infty$; $\frac{x}{\pm\infty} = 0$;

(2) $(\pm\infty) + (\pm\infty) = (\pm\infty) - (\mp\infty) = \pm\infty$;

(3) $x \cdot (\pm\infty) = (\pm\infty) \cdot x = \begin{cases} \pm\infty, & x > 0, \\ 0, & x = 0, \\ \mp\infty, & x < 0; \end{cases}$

(4) $(\pm\infty) - (\pm\infty)$、$(\mp\infty) + (\pm\infty)$、$\pm\infty/\pm\infty$、$\mp\infty/\pm\infty$、$x/0$ 等计算规定为无意义.

3.1 可测函数及其性质

> **定义 3.1 (可测函数)**
>
> 设 $f(x)$ 为定义在可测集 E 上的广义实值函数（函数取值可以为 $\pm\infty$）. 若 $\forall a \in \mathbf{R}$, 所对应的集合 $\{x|x \in E, f(x) > a\}$ 可测，称 $f(x)$ 是 E 上的可测函数. ♣

例题 3.1 设 $f(x)$ 是定义在集合 $[a,b]$ 上的实值单调函数，则 $f(x)$ 是 E 上的可测函数.

证明 不妨设 $f(x)$ 在 $[a,b]$ 上单调递增，则 $f(a) \leqslant f(x) \leqslant f(b)$. 故 $\forall \sigma \in \mathbf{R}$,

$$E = \{x|x \in [a,b], f(x) > \sigma\} = \begin{cases} [a,b], & \sigma < f(a) \\ (f^{-1}(\sigma), b], & f(a) \leqslant \sigma \leqslant f(b), \text{ 是可测集} \\ \varnothing, & \sigma > f(b) \end{cases}$$

例题 3.2 设 $f(x)$ 是定义在集合 E 上的实值函数，且 $m^*E = 0$, 则 $f(x)$ 是 E 上的可测函数.

证明 由于 E 是零测集，故 $\forall a \in \mathbf{R}$, $E_1 = \{x|x \in E, f(x) > a\} \subset E$, 则 $0 \leqslant m^*E_1 \leqslant m^*E = 0$. 即 E_1 是零测集，从而是可测集.

命题 3.1 (可测函数的等价定义)

设 $f(x)$ 是可测集 E 上的实函数, 则下列表述均是 $f(x)$ 在 E 上为可测函数的等价表述:

(1) $\forall a \in \mathbf{R}$, $E[f \geqslant a]$ 是可测集;

(2) $\forall a \in \mathbf{R}$, $E[f < a]$, $E[f > a]$ 是可测集;

(3) $\forall a \in \mathbf{R}$, $E[f \leqslant a]$ 是可测集;

(4) $\forall a, b \in \mathbf{R}$, $E[a \leqslant f \leqslant b]$ 是可测集;

(5) $\forall a, b \in \mathbf{R}$, $E[a < f \leqslant b]$ 或 $E[a \leqslant f < b]$ 是可测集.

证明　对 $\forall a \in \mathbf{R}$:

1. 若 $f(x)$ 在 E 上是可测函数, 下面先证 $E[f \geqslant a]$ 可测. 因为:

$$E[f \geqslant a] = \bigcap_{k=1}^{\infty} E\left[f > a - \frac{1}{k}\right]$$

由条件知: $E\left[f > a - \frac{1}{k}\right]$ 是可测集, 故 $\bigcap\limits_{k=1}^{\infty} E\left[f > a - \frac{1}{k}\right]$ 是可测集, 从而得 $E[f \geqslant a]$ 是可测集.

2. 若 $E[f \geqslant a]$ 可测, 则 $E[f < a] = (E[f \geqslant a])^c$ 是可测集. 又 $E[f \leqslant a] = \bigcap\limits_{k=1}^{\infty} E\left[f < a + \frac{1}{k}\right]$ 可测, 故 $E[f > a] = (E[f(x) \leqslant a])^c$ 是可测集.

3. 若 $E[f \geqslant a]$ 及 $E[f \leqslant b]$ 是可测集, 则 $E[a \leqslant f \leqslant b] = E[f \geqslant a] \cap E[f \leqslant b]$ 是可测集.

4. 若 $\forall a, b \in \mathbf{R}$, $E[a \leqslant f \leqslant b]$ 是可测集, 则 $\bigcup\limits_{k=1}^{\infty} E[a \leqslant f \leqslant a + k] = E[f \geqslant a]$ 是可测集.

定义 3.2

对于集合 $E \subset \mathbf{R}^n$, 若是某 "断言" 在 $E \backslash E_1$ 上成立, 且 $m E_1 = 0$, 则称此 "断言" 在 E 上几乎处处成立 (记作 a.e.). 例如当 $m(E[f \neq g]) = 0$, 则称函数 $f(x)$ 与 $g(x)$ 在 E 上几乎处处相等, 或 $f = g$, a.e. E.

例题 3.3　设 $f_1(x) \equiv 1, x \in [0, 1]$,

$$f_2(x) = \begin{cases} 0, & x \in [0, 1] \cap \mathbf{Q} \\ 1, & x \in [0, 1] \cap \mathbf{Q}^c \end{cases}$$

则 $f_1(x) = f_2(x)$ 在 $[0, 1]$ 上几乎处处成立.

性质 [1]　(可测函数的初等运算性质) 若 $f(x)$ 是可测集 $E(\subset \mathbf{R}^n)$ 上的可测函数:

(1) $\forall E_0 \subset E$ 是可测集时, $f(x)$ 在 E_0 上是可测函数;

(2) 若 $f(x) = g(x)$ a.e.E，$g(x)$ 在 E 上是可测函数；

(3) 若 $f(x), g(x)$ 是可测集 $E(\subset \mathbf{R}^n)$ 上的可测函数：

　(i) $\forall c \in \mathbf{R}$，则 $c \cdot f(x)$ 在 E 上是可测函数；

　(ii) $f(x) \pm g(x)$ 在 E 上是可测函数；

　(iii) $f(x) \cdot g(x)$ 在 E 上是可测函数；

　(iv) $f(x)/g(x)$ 在 E 上是可测函数.

证明　令 $\forall a \in \mathbf{R}$，则：

(1) $E[f(x) > a]$ 是可测集，E_0 是可测集. 则 $E_0[f(x) > a] = E[f(x) > a] \cap E_0$ 是可测集；

(2) $E = E_0 \cup E_1$ 且其中 $mE_0 = 0$. 在 E_1 上 $f(x) = g(x)$. 可得：

$$E[g(x) > a] = E_0[g(x) > a] \cup E_1[g(x) > a] = E_0[g(x) > a] \cup E_1[f(x) > a]$$

由已知条件 $E_1 = E_0^c$ 是可测集，$E_0[g > a]$ 是零测集，得 $E[g(x) > a]$ 是可测集.

(3)　(i) 当 $c = 0$ 时，

$$E[c \cdot f(x) > a] = E[a < 0] = \begin{cases} E, & a < 0 \\ \varnothing, & a \geqslant 0 \end{cases} \text{为可测集；}$$

当 $c > 0$ 时，$E[c \cdot f(x) > a] = E\left[f(x) > \frac{a}{c}\right]$ 为可测集；

当 $c < 0$ 时，$E[c \cdot f(x) > a] = E\left[f(x) < \frac{a}{c}\right]$ 为可测集.

　(ii) 由于 $E[f(x) + g(x) > a] = E[f(x) > a - g(x)] \cup E[g(x) = \infty] = E[f(x) > a - g(x)] \cup \left(\bigcap\limits_{k=1}^{\infty} E[g(x) \geqslant k]\right)$. 我们只需证明如下结论即可：

$$E[f(x) > a - g(x)] = \bigcup_{\gamma \in \mathbf{Q}} \left(E[f(x) > \gamma] \cap E[\gamma > a - g(x)]\right) \tag{3.1}$$

实际上，对 $\forall x_0 \in E[f(x) > a - g(x)]$，则 $\exists \gamma \in \mathbf{Q}$，使得 $f(x_0) > \gamma > a - g(x_0)$，即

$$x_0 \in E[f(x) > \gamma > a - g(x)] = E[f(x) > \gamma] \cap E[\gamma > a - g(x)]$$

因此 $E[f(x) > a - g(x)] \subset \bigcup\limits_{\gamma \in \mathbf{Q}} \left(E[f(x) > \gamma] \cap E[\gamma > a - g(x)]\right)$.

同时，$\forall x_1 \in \bigcup\limits_{\gamma \in \mathbf{Q}} \left(E[f(x) > \gamma] \cap E[\gamma > a - g(x)]\right)$，则 $\exists \gamma_1 \in \mathbf{Q}$，使

$$x_1 \in \left(E[f(x) > \gamma_1] \cap E[\gamma_1 > a - g(x)]\right)$$

得 $x_1 \in E[f(x) > a - g(x)]$.

　(iii) 我们先证明 $f^2(x)$ 在 E 上是可测函数. 事实上：

$$E[f^2(x) > a] = \begin{cases} E[f(x) > \sqrt{a}] \cup E[f(x) < -\sqrt{a}], & a \geqslant 0 \\ E, & a < 0 \end{cases} \text{是可测集}$$

而

$$f(x) \cdot g(x) = \frac{1}{4}\left[(f(x) + g(x))^2 - (f(x) - g(x))^2\right] \tag{3.2}$$

则当 $f(x)$、$g(x)$ 在 E 上是可测函数时,由上一步 $f(x) \pm g(x)$ 在 E 上是可测函数,则 $(f(x) \pm g(x))^2$ 在 E 上可测. 由 (3.2) 式得 $f(x) \cdot g(x)$ 在 E 上是可测函数.

(iv) 若 $g(x)$ 在 E 上是可测函数,则 $\forall a \in \mathbf{R}$ 有

$$E\left[\frac{1}{g(x)} > a\right] = \begin{cases} E[g(x) \geqslant 0] \cup E\left[g(x) < \dfrac{1}{a}\right], & a < 0 \\ E[g(x) > 0] - E[g(x) = +\infty], & a = 0 \\ E[g(x) > 0] \cap E\left[g(x) < \dfrac{1}{a}\right], & a > 0 \end{cases} \text{均是可测集}$$

因此,$\frac{1}{g(x)}$ 在 E 上是可测函数,从而得 $\frac{f(x)}{g(x)} = \frac{1}{g(x)} \cdot f(x)$ 在 E 上是可测函数.

性质 [2]　若 $\{f_k(x)\}_{k \in \mathbf{N}}$ 在可测集 E 上是可测函数列,则其确界函数以及极限函数是可测函数.

(1) 记 $h(x) = \sup\limits_{k}\{f_k(x)\}$,　$\lambda(x) = \inf\limits_{k}\{f_k(x)\}$,则 $h(x)$、$\lambda(x)$ 在 E 上均是可测函数;

(2) $\varlimsup\limits_{k \to \infty} f_k(x) = \inf\limits_{k}\sup\limits_{i \geqslant k}\{f_i(x)\}$, $\varliminf\limits_{k \to \infty} f_k(x) = \sup\limits_{k}\inf\limits_{i \geqslant k}\{f_i(x)\}$ 是可测函数.

特别地,若 $\varliminf\limits_{k \to \infty} f_k(x) = \varlimsup\limits_{k \to \infty} f_k(x)$ 且记为 $f(x)$,则 $f(x)$ 在 E 上是可测函数.

证明　对 $\forall a \in \mathbf{R}$,

(1) 由 $h(x) = \sup\limits_{k \geqslant 1}\{f_k(x)\}$,只用验证 $E[h(x) > a] = \bigcup\limits_{k=1}^{\infty} E[f_k(x) > a]$ 成立即可.

实际上,对 $\forall x_0 \in E[h(x) > a]$,则 $\sup\limits_{k}\{f_k(x_0)\} > a$. 从而存在 $f_{k_0}(x_0) > a$,即 $x_0 \in \bigcup\limits_{k=1}^{\infty} E[f_k(x) > a]$.

另外,若 $\forall x \in \bigcup\limits_{k=1}^{\infty} E[f_k(x) > a]$,则存在 k_1,使 $x \in E[f_{k_1}(x) > a]$. 由于 $\sup\limits_{k}\{f_k(x)\} \geqslant f_{k_1}(x) > a$,得 $x \in E[\sup\limits_{k}\{f_k(x)\} \geqslant a]$.

(2) 由于 $\inf\limits_{k}\{f_k(x)\} = -\sup\limits_{k}\{-f_k(x)\}$,由 (1) 可得 $\inf\limits_{k}\{f_k(x)\}$ 在 E 上是可测函数. 因为:

$$\lim\limits_{k \to \infty}\sup\limits_{i > k}\{f_i(x)\} = \inf\limits_{k}\sup\limits_{i > k}\{f_i(x)\}, \quad \lim\limits_{k \to \infty}\inf\limits_{i > k}\{f_i(x)\} = \sup\limits_{k}\inf\limits_{i > k}\{f_i(x)\}$$

由上可得 $\varliminf\limits_{k\to\infty}\{f_k(x)\}$ 及 $\varlimsup\limits_{k\to\infty}\{f_k(x)\}$ 在 E 上都是可测函数.

例题 3.4　设 $\{f_k(x)\}$ 是可测集 E 上的可测函数列, 则函数列 $\{f_k(x)\}$ 收敛点 (或发散点) 所组成的集合是可测集.

证明　设 A、B 分别是 $\{f_k(x)\}$ 在 E 上收敛点、发散点组成的集合, 记 $h(x) = \varlimsup\limits_{k\to\infty} f_k(x)$, $\lambda(x) = \varliminf\limits_{k\to\infty} f_k(x)$, 则有

$$A = E\left\{x \mid \varlimsup_{k\to\infty} f_k(x) = \varliminf_{k\to\infty} f_k(x)\right\} = E\{x \mid h(x) - \lambda(x) = 0\}$$

$$= E\{x \mid h(x) - \lambda(x) \geqslant 0\} \cap E\{x \mid h(x) - \lambda(x) \leqslant 0\} \text{ 是可测集}$$

同理

$$B = E\left\{x \mid \varlimsup_{k\to\infty} f_k(x) \neq \varliminf_{k\to\infty} f_k(x)\right\} = E\left\{x \mid \varlimsup_{k\to\infty} f_k(x) - \varliminf_{k\to\infty} f_k(x) > 0\right\}$$

$$= E\{x \mid h(x) - \lambda(x) > 0\} \text{ 是可测集}$$

3.1.1　可测函数与简单函数

可测函数从定义上看不够直观, 后续对其进行研究并不方便, 为此我们介绍一类直观的 "阶梯" 函数——简单函数. 并且可以证明一般的可测函数可由简单函数序列逼近.

定义 3.3 (简单函数)

令 $E(\subset \mathbf{R}^n)$ 是可测集, $f(x)$ 是定义在 E 上的实值函数. $E_i \subset E$ $(i = 1, 2, \cdots, k)$ 是两两互不相交的可测集, 并且 $\bigcup\limits_{i=1}^{k} E_i = E$, 记 χ_{E_i} 为集合 E_i 的特征函数, 若

$$f(x) = \sum_{i=1}^{k} C_i \chi_{E_i}, \text{ 其中 } C_i \in \mathbf{R}$$

成立, 则称 $f(x)$ 是 E 上的简单函数.

例题 3.5

$$D(x) = \begin{cases} 1, & x \in [0,1] \cap \mathbf{Q}^c \quad (\text{记为 } E_1) \\ 0, & x \in [0,1] \cap \mathbf{Q} \quad (\text{记为 } E_2) \end{cases}$$

等价于 $D(x) = 1.\chi_{E_1} + 0.\chi_{E_2}$.

例题 3.6　简单函数 $f(x) = \sum\limits_{i=1}^{k} C_i \chi_{E_i}$ 是可测函数.

证明　对 $\forall a \in \mathbf{R}$, 不妨令 $C_1 < C_2 < \cdots < C_k$, 则

$$E[f(x) > a] = E\left[\sum_{i=1}^{k} C_i \chi_{E_i}(x) > a\right]$$

$$= \begin{cases} \varnothing, & a \geqslant C_k \\ E, & a < C_1 \\ \bigcup_{j=i+1}^{k} E_j, & C_i \leqslant a < C_{i+1} \quad (i = 1, 2, \cdots, k-1) \end{cases}$$ 是可测集

命题 3.2 (可测函数与简单函数列的关系)

设 $E(\subset \mathbf{R}^n)$ 是可测集, $f(x)$ 是定义在 E 上的非负可测函数, 则存在定义在 E 上的简单函数列 $\{\varphi_k(x)\}_{k\in\mathbf{N}}$, 使得

$$0 \leqslant \varphi_1(x) \leqslant \varphi_2(x) \leqslant \cdots \leqslant \varphi_k(x) \leqslant \cdots, \text{ 且 } \varphi_k(x) \xrightarrow{k\to\infty} f(x)$$

特别地, 当 $f(x)$ 在 E 上是有界函数时, 上述收敛在 E 上还是一致收敛的. ♠

证明　由于 $f(x)$ 的非负性, 其值域分别落在 $[0,k) \cup [k,+\infty)$ 两部分内. 进一步地, 将区间 $[0,k)$ 分成 $k2^k$ 等份, $f(x)$ 的值域便分成了 $k2^k + 1$ 份. 记

$$E_{k,j} = \left\{ x \in E \,\middle|\, \frac{j}{2^k} \leqslant f(x) < \frac{j+1}{2^k} \right\} \ (j = 0, \cdots, k2^k - 1)$$

$$E_{k,2^k} = \{x \in E \mid k \leqslant f(x) < \infty\}$$

则 $E_{k,j}(0 \leqslant j \leqslant k2^k)$ 是两两互不相交的可测集, 且 $E = \bigcup_{j=0}^{k2^k} E_{k,j}$. 构造 E 上的简单函数 $\varphi_k(x) = \sum_{j=1}^{k2^k} \frac{j}{2^k} \chi_{E_{k,j}}(x)$.

1. 证明: $\varphi_k(x) \leqslant \varphi_{k+1}(x)$.

(1) 当 $x \in \{x | f(x) < k\}$ 时, 即存在 $j_0 \in \{0, 1, \cdots, k2^k - 1\}$, 使得 $x \in E_{k,j_0}$. 由构造方法得

$$\frac{j_0}{2^k} \leqslant f(x) < \frac{j_0 + 1}{2^k}$$

对 E 做 $(k+1)2^{k+1}$ 块分解时, 对每个区间 $[j_0, j_0 + 1]$ 要做 2^{k+1} 等分. 即说明 E_{k,j_0} 会加入一个分点, 分成 $E_{k,j_0} = E_{k+1,j_0}^{(1)} + E_{k+1,j_0}^{(2)}$. 其中

$$E_{k+1,j_0}^{(1)} = \left\{ x \in E_{k,j} \,\middle|\, \frac{j_0}{2^k} \leqslant f(x) < \frac{2j_0 + 1}{2^{k+1}} \right\}$$

$$E_{k+1,j_0}^{(2)} = \left\{ x \in E_{k,j} \,\middle|\, \frac{2j_0 + 1}{2^{k+1}} \leqslant f(x) < \frac{j_0 + 1}{2^k} \right\}$$

从而可得: $\forall x \in E_{k,j_0}$, 有

$$\varphi_{k+1}(x) = \frac{j_0}{2^k} = \varphi_k(x) \text{ 或 } \varphi_{k+1}(x) = \frac{2j_0+1}{2^{k+1}} = \varphi_k(x) + \frac{1}{2^{k+1}}$$

即得: $\varphi_k(x) \leqslant \varphi_{k+1}(x)$.

(2) 类似地, 当 $x \in \{x | f(x) \geqslant k\}$ 时, 可得 $\varphi_k(x) = k \leqslant \varphi_{k+1}(x)$.

2. 由上一步知, $\{\varphi_k(x)\}$ 在 E 上是递增函数列.

(1) 若 $x_0 \in E$ 且 $f(x_0) = +\infty$, 则对 $\forall k$ 取定时, $x_0 \in E_{k,2^k}$ 且 $\varphi_k(x_0) = k$. 令 $k \to +\infty$, 则

$$\lim_{k \to +\infty} \varphi_k(x_0) = +\infty = f(x_0)$$

(2) 若 $x_1 \in E$ 且 $f(x_1) < +\infty$, 则存在 k 充分大时, 使得 $f(x_1) < k$. 从而存在 $j_0 \in \{0, 1, 2, \cdots, k2^k - 1\}$ 使得 $x_1 \in E_{k,j_0}$. 由构造可知: $\frac{j_0}{2^k} \leqslant f(x_1) < \frac{j_0+1}{2^k}$ 且

$$|\varphi_k(x_1) - f(x_1)| = |f(x_1) - \frac{j_0}{2^k}| \leqslant \frac{1}{2^k} \tag{3.3}$$

对 (3.3) 式令 $k \to +\infty$ 取极限即得.

注 1　从 (3.3) 式的证明可以看出, 当 $f(x)$ 在 E 上有界, 不妨记 $M = \sup\{|f(x)|, x \in E\}$. 则对任意 $k > M$

$$\sup_{x \in E} |f(x) - \phi_k(x)| < \frac{1}{2^k}$$

由魏尔斯特拉斯判别法可得 $\varphi_k(x)$ 在 E 上一致收敛到 $f(x)$.

注 2　当 $f(x)$ 非负的条件不满足时, 令

$$f^+(x) = \begin{cases} f(x), & f(x) \geqslant 0 \\ 0, & f(x) < 0 \end{cases}$$

$$f^-(x) = \begin{cases} -f(x), & f(x) \leqslant 0 \\ 0, & f(x) > 0 \end{cases}$$

有 $f(x) = f^+(x) - f^-(x)$. 则由第一步知, 存在 $\{\varphi_k^1(x)\}$ 及 $\{\varphi_k^2(x)\}$ 满足

$$\varphi_k^1(x) \to f^+(x), \ \varphi_k^2(x) \to f^-(x), \ x \in E$$

令 $\varphi_k(x) = \varphi_k^1(x) - \varphi_k^2(x)$, 则 $\varphi_k(x)$ 逐点收敛到 $f(x)$.

习题 1

✍ 练习 3.1　设 $E(\subset [0,1])$ 是不可测集, 令

$$f(x) = \begin{cases} x, & x \in E \\ -x, & x \notin E \end{cases}$$

问 $f(x)$ 在 $[0,1]$ 上是否可测? $|f(x)|$ 在 $[0,1]$ 上是否可测?

✍ **练习 3.2**　若 $f(x)$ 在可测集 E 上有定义, 且 $|f(x)|^2$ 在 E 上可测, 那么 $f(x)$ 在 E 上可测吗? 若进一步知道 $E[f(x) > 0]$ 是可测集时, $f(x)$ 在 E 上是可测函数吗?

✍ **练习 3.3**　证明 $f(x)$ 在 E 上是可测函数的充要条件是: 对于 $\forall r \in \mathbf{Q}$, 集合 $E[f(x) < r]$ 是可测集. 进一步地, 如果 $\forall r \in \mathbf{Q}$, $E[f(x) = r]$ 是可测集时, 判断 $f(x)$ 在 E 上是否为可测函数.

✍ **练习 3.4**　若 $f(x)$ 是 $\mathbf{R}^n$ 上的可测函数, 证明 $\frac{\partial f}{\partial x_i}$ $(i = 1, 2, \cdots, n)$ 都是 $\mathbf{R}^n$ 上的可测函数.

✍ **练习 3.5**　设 $f(x)$ 是可测集 E 上的可测函数, $\varphi(y)$ 是 $f(E)$ 上的单调函数, 证明 $\varphi(f(x))$ 在 E 上为可测函数.

✍ **练习 3.6**　设 $f(x)$、$g(x)$ 是可测集 E 上的可测函数, 证明 $E[f(x) > g(x)]$ 是可测集.

✍ **练习 3.7**　设 $f(x)$ 是可测集 E 上的可测函数, G 与 F 分别是 $\mathbf{R}$ 上的开集与闭集. 试问 $\{x \in E | f(x) \in G\}$ 与 $\{x \in E | f(x) \in F\}$ 是否可测.

3.2　可测函数列的收敛关系

我们通常用一些"分析性质好"的函数列去逼近"目标函数". 在这类"近似逼近"的过程中, 根据逼近序列的特征和需求, 有不同定义收敛的方式. 例如在"数学分析"课程中学习过在区域 D 上的函数列 $\{f_k(x)\}_{k \in \mathbf{N}}$ 逐点逼近或一致逼近于极限函数 $f(x)$. 粗略来讲, 逐点逼近较弱, 不能保证函数列的分析性质(例如连续性)传递到极限函数上; 一致收敛条件过强, 限制了使用的范围.

为后续课程学习方便, 本节对函数列收敛关系做一下整理, 并分析这些不同"收敛"之间的联系. 我们先罗列出这些定义:

定义 3.4 (逐点收敛与一致收敛)

设函数列 $\{f_k(x)\}_{k \in \mathbf{N}}$ 是定义在 $E(\subset \mathbf{R}^n)$ 上的实值函数列.

(1) 逐点收敛: $\forall x_0 \in E$, 数列 $f_k(x_0) \to f(x_0)$, 则称 $f_k(x)$ 在 E 上逐点收敛到 $f(x)$, 记为: $f_k(x) \xrightarrow{\text{p.w.}E} f(x)$.

(2) 一致收敛: 若 $\forall \varepsilon > 0, \forall x \in E, \exists K(\varepsilon)$, 当 $k > K(\varepsilon)$ 时 $|f_k(x) - f(x)| < \varepsilon$, 则称 $f_k(x)$ 在 E 上一致收敛于 $f(x)$, 记为 $f_k(x) \overset{E}{\rightrightarrows} f(x)$.

(3) 近一致收敛: 若 $\forall \varepsilon > 0$, 存在 $E_\varepsilon \subset E$ 且 $m(E_\varepsilon) < \varepsilon$, 使得 $\{f_k(x)\}$ 在 $E \backslash E_\varepsilon$ 上一致收敛于 $f(x)$, 则称 $\{f_k(x)\}$ 在 E 上近一致收敛于 $f(x)$, 记为 $f_k(x) \xrightarrow{\text{a.u.}E} f(x)$.

♣

在前面我们定义过"几乎处处", 这里我们也定义相应的"收敛".

定义 3.5 [几乎处处 (a.e.) 收敛]

设函数列 $\{f_k(x)\}_{k\in\mathbf{N}}$ 是定义在可测集 $E(\subset \mathbf{R}^n)$ 上的可测函数列,若 $E_0 \subset E$ 且 $mE_0 = 0$, $f_k(x)$ 在 $E\backslash E_0$ 上逐点收敛到 $f(x)$,则称 $f_k(x)$ 在 E 上几乎处处收敛到 $f(x)$,记作 $f_k(x) \xrightarrow{\text{a.e.}E} f(x)$.

注 从以上定义可知:一致收敛强过逐点收敛,逐点收敛又强过几乎处处收敛.

把点集测度和可测函数列联系起来,通过刻画函数列的收敛(不收敛)点集的特征,是后续研究问题的一个重要工具,在概率统计等课程中也有应用,这里我们引入一个新的收敛性定义.

定义 3.6 (依测度收敛)

设 $\{f_k(x)\}_{k\in\mathbf{N}}$ 是定义在可测集 E 上的可测函数列, $f(x)$ 是 E 上的可测函数,对 $\forall \sigma > 0$ 记 $E_k = \{x \mid x\in E, \ |f_k(x) - f(x)| \geqslant \sigma\}$,若 $\lim\limits_{k\to\infty} mE_k = 0$,则称函数列 $\{f_k(x)\}_{k\in\mathbf{N}}$ 在 E 上依测度收敛于 $f(x)$,记作 $f_k(x) \Rightarrow f(x)$.

依测度收敛如图 3-1 所示.

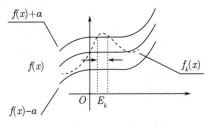

图 3-1   依测度收敛图

下面先对以上的收敛关系强弱、相互之间的联系逐一分析,然后再进一步说明函数列"依测度收敛"的性质.

3.2.1   几乎处处收敛与(近)一致收敛

在数学分析中,分析函数列收敛的一个重要例子是 $f_k(x) = x^k$, $x \in [0,1]$. 此函数列的极限函数为

$$f(x) = \begin{cases} 0, & x \in [0,1) \\ 1, & x = 1 \end{cases}$$

可知 $f_k(x)$ 在 $[0,1]$ 上不一致收敛到 $f(x)$. 但易证:当 $0 < \delta < 1$ 时, $f_k(x)$ 在 $[0, 1-\delta]$ 上一致收敛到 $f(x) = 0$. 即去掉一个任意小测度的集合 $[1-\delta, 1]$ 后,函数列在集合 $[0, 1-\delta]$ 上一致收敛. 一个自然问题是:对一般的函数列 $f_k(x)$ 在 E 上逐点收敛到极限函数 $f(x)$,当去掉集合 E 一个小测度集合之后,在剩下的集合上是否一致收敛?下面

的叶果洛夫定理将会给出肯定的答案. 我们先给出一个引理:

引理 3.1

设 $mE < +\infty$, $\{f_k(x)\}_{k\in\mathbf{N}}$ 是 E 上几乎处处有限的可测函数列. 若 $f_k(x) \xrightarrow{\text{a.e.}E} f(x)$, 则 $\forall \sigma > 0$,

$$\lim_{k\to+\infty} m\left(\bigcup_{i=k}^{\infty} E[|f_i(x) - f(x)| \geqslant \sigma]\right) = 0$$

♡

证明 由已知 $\{f_k(x)\}_{k\in\mathbf{N}}$ 是 E 上几乎处处 (a.e.) 有限的函数, 即 $E[|f_k| = +\infty]$ 是零测集. 因此不妨设 $f_k(x)$ 在 E 上是有限的, 否则只用在去掉一个零测集后的集合上考虑.

由 $f_k(x) \xrightarrow{\text{a.e.}} f(x)$, 则不收敛点集: $\bigcup_{l=1}^{\infty}\bigcap_{k=1}^{\infty}\bigcup_{i=k}^{\infty} E[|f_i(x) - f(x)| \geqslant \frac{1}{l}]$ 为零测集. 从而 $\forall \delta > 0$, 记

$$E_0 = \bigcap_{k=1}^{\infty}\bigcup_{i=k}^{\infty} E[|f_i(x) - f(x)| \geqslant \delta], \text{ 有 } mE_0 = 0$$

注意到 $\bigcup_{i=k}^{\infty} E[|f_i(x) - f(x)| \geqslant \delta]$ 随 k 增大时是渐缩集列且 $mE < +\infty$, 从而有:

$$0 = m\left(\bigcap_{k=1}^{\infty}\bigcup_{i=k}^{\infty} E[|f_i(x) - f(x)| \geqslant \delta]\right) = \lim_{k\to+\infty} m\left(\bigcup_{i=k}^{\infty} E[|f_i(x) - f(x)| \geqslant \delta]\right)$$

定理 3.1 [叶果洛夫 (Egorov) 定理]

设 $mE < +\infty$, $\{f_k(x)\}_{k\in\mathbf{N}}$ 是 E 上几乎处处有限的可测函数列. 若 $f_k(x) \xrightarrow{\text{a.e.}E} f(x)$, 则 $f_k(x) \xrightarrow{\text{a.u.}E} f(x)$.

♡

证明 根据引理 3.1, 对 $\forall \delta > 0, \forall k \in \mathbf{N}, \exists N_k$, 使得 $m\left(\bigcup_{i=N_k}^{\infty} E[|f_i(x) - f(x)| \geqslant \frac{1}{k}]\right) < \frac{\delta}{2^k}$. 令

$$E_0 = \bigcup_{k=1}^{\infty}\left(\bigcup_{i=N_k}^{\infty} E\left[|f_i(x) - f(x)| \geqslant \frac{1}{k}\right]\right)$$

则

$$
\begin{aligned}
mE_0 &= m\left(\bigcup_{k=1}^{\infty}\left(\bigcup_{i=N_k}^{\infty} E\left[|f_i(x) - f(x)| \geqslant \frac{1}{k}\right]\right)\right) \\
&\leqslant \sum_{k=1}^{\infty} m\left(\bigcup_{i=N_k}^{\infty} E\left[|f_i(x) - f(x)| \geqslant \frac{1}{k}\right]\right) = \sum_{k=1}^{\infty}\frac{\delta}{2^k} = \delta
\end{aligned}
$$

(3.4)

记 $E_1 = E \cap E_0^c = \bigcap_{k=1}^{\infty}\left(\bigcap_{i=N_k}^{\infty} E\left[|f_i(x) - f(x)| < \frac{1}{k}\right]\right)$. 接下来验证函数列 $\{f_i(x)\}_{i\in\mathbf{N}}$

在集合 E_1 上一致收敛于 $f(x)$.

事实上，$\forall x \in E_1, \forall k \in \mathbf{N}$，存在 N_k，使得 $i > N_k$ 时 $|f_i(x) - f(x)| < \frac{1}{k}$. 注意到 $k \in \mathbf{N}$ 的任意性，则说明 $\{f_i(x)\}$ 在 E_1 上一致收敛于 $f(x)$.

注 在 $mE = \infty$ 时，叶果洛夫定理有可能不成立，见下例.

例题 3.7 (反例) 定义域为 $[0, +\infty)$ 的实函数列：$f_k(x) = \begin{cases} 1, & x \in [0, k) \\ 0, & x \in [k, +\infty) \end{cases}$，则

$$\lim_{k \to \infty} f_k(x) = f(x) = 1, \ \text{p.w.} [0, +\infty)$$

而在区间 $[k, +\infty)$ 上，去掉任何一个小测度集合，且 $x \in [k, +\infty)$ 时，总有 $|f_k(x) - f(x)| = 1$，即得叶果洛夫定理不成立.

定理 3.2 (叶果洛夫逆定理)

设 $E(\subset \mathbf{R}^n)$ 是可测集，若 $\{f_k(x)\}_{k \in \mathbf{N}}$ 是 E 上 a.e. 有限的可测函数列，且 $f_k(x) \xrightarrow{\text{a.u.} E} f(x)$，则在 E 上 $f_k(x) \xrightarrow{\text{a.e.} E} f(x)$. ♡

证明 根据定理条件，$\forall \frac{1}{k} > 0$，存在 $E_k \subset E$，使得 $m(E - E_k) < \frac{1}{k}$，且在 E_k 上 $f_i(x) \rightrightarrows f(x)$. 令 $\bar{E} = \bigcup\limits_{k=1}^{\infty} E_k$，则 $f_i(x)$ 在 $\bar{E}$ 上逐点收敛到 $f(x)$. 而且对于 $\forall k \in \mathbf{N}$，

$$0 \leqslant m(E - \bar{E}) = m\left(E - \bigcup_{k=1}^{\infty} E_k\right) \leqslant m(E - E_k) < \frac{1}{k}$$

令 $k \longrightarrow +\infty$，则有 $m(E - \bar{E}) = 0$，从而得到 $f_i(x) \xrightarrow{\text{a.e.} E} f(x)$.

注 叶果洛夫逆定理在 $mE \leqslant +\infty$ 均成立，注意与叶果洛夫定理条件的不同.

3.2.2 依测度收敛与几乎处处收敛

定理 3.3 [里斯 (Riesz) 定理]

令 $E(\subset \mathbf{R}^n)$ 是可测集（$mE \leqslant +\infty$），函数列 $\{f_k(x)\}_{k \in \mathbf{N}}$ 是定义在 E 上 a.e. 有限的可测函数列. 若 $\{f_k(x)\}_{k \in \mathbf{N}}$ 依测度收敛到 $f(x)$，则存在子函数列 $\{f_{k_i}(x)\}_{k_i \in \mathbf{N}}$ 在 E 上 a.e. 收敛到 $f(x)$. ♡

证明 根据已知条件，对于 $\forall \sigma > 0$，$\lim\limits_{k \to \infty} mE[|f_k(x) - f(x)| \geqslant \sigma] = 0$. 则 $\forall i \in \mathbf{N}, \exists N_i \in \mathbf{N}$，使得 $k_i \geqslant N_i$ 时，$m\left(E\left[|f_{k_i}(x) - f(x)| \geqslant \frac{1}{2^i}\right]\right) < \frac{1}{2^{i+1}}$. 且在选取时，不妨取为 $k_1 < k_2 < \cdots$，记 $E_l = E\left[|f_{k_l} - f(x)| \geqslant \frac{1}{2^l}\right]$，且 $F^i = \bigcup\limits_{l=i}^{\infty} E_l$. 则

$$0 \leqslant mF^i \leqslant \sum_{l=i}^{\infty} mE\left[|f_{k_l}(x) - f(x)| \geqslant \frac{1}{2^l}\right] \leqslant \sum_{l=i}^{\infty} \frac{1}{2^{l+1}} = \frac{1}{2^i}$$

令 $i \to \infty$, 得:

$$m\left(\varlimsup_{i \to \infty} E_i\right) = m\left(\lim_{i \to \infty} F^i\right) = 0$$

从而 $f_{k_i}(x) \xrightarrow{\text{a.e.} E} f(x)$ (即不收敛点集是零测集).

注 若 $f_k(x) \xRightarrow{E} f(x)$, 只可得存在子列 $f_{k_i}(x) \xrightarrow{\text{a.e.} E} f(x)$, 原序列不一定 a.e. 收敛到极限函数.

例题 3.8 (反例) 令 $I_i^k = [i2^{-k}, (i+1)2^{-k})$ 定义在 $[0,1)$ 上, 其中 $k \in \mathbf{N}$ 且 $i = 0, 1, \cdots, 2^k - 1$. 记 $f_i^k(x)$ 是 I_i^k 的特征函数. 对每个 k 构造 2^k 个函数

$$f_i^k(x) = \begin{cases} 1, & x \in \left[\dfrac{i-1}{2^k}, \dfrac{i}{2^k}\right) \\ 0, & x \notin \left[\dfrac{i-1}{2^k}, \dfrac{i}{2^k}\right) \end{cases} \quad (i = 1, 2, \cdots, 2^k)$$

则 $f_i^k(x) \Longrightarrow f(x) = 0$. 而 $\forall x_0 \in [0, 1)$, 数列 $\{f_i^k(x_0)\}_{k \in \mathbf{N}}$ 取值为 $\{0\} \cup \{1\}$. 因此 $\{f_i^k(x_0)\}$ 这个数列含有一个恒为 0 的子列, 也含有一个恒为 1 的子列, 由归结原理得数列 $\{f_i^k(x_0)\}$ 不收敛.

定理 3.4 [勒贝格 (Lebesgue) 定理]

令 $E(\subset \mathbf{R}^n)$ 是可测集且 $mE < +\infty$. 函数列 $\{f_k(x)\}_{k \in \mathbf{N}}$ 是定义在 E 上的 a.e. 有限的可测函数列. 若 $\{f_k(x)\}_{k \in \mathbf{N}}$ 在 E 上 a.e. 收敛到函数 $f(x)$, 则函数列 $\{f_k(x)\}_{k \in \mathbf{N}}$ 依测度收敛到 $f(x)$.

$\heartsuit$

证明 根据引理 3.1, 对于 $\forall \varepsilon > 0$, 存在 $k \in \mathbf{N}$, 使得

$$E[|f_k(x) - f(x)| \geqslant \varepsilon] \subset E\left[|f_k(x) - f(x)| \geqslant \frac{1}{k}\right] \subset \bigcup_{i=k}^{\infty} E\left[|f_i(x) - f(x)| \geqslant \frac{1}{k}\right]$$

于是

$$\varlimsup_{k \to \infty} mE[|f_k(x) - f(x)| \geqslant \varepsilon] \leqslant \lim_{k \to \infty} m\left(\bigcup_{i=k}^{\infty} E\left[|f_i(x) - f(x)| \geqslant \frac{1}{k}\right]\right) = 0$$

注 当 $mE = \infty$ 时, 本定理可能不成立.

例题 3.9 (反例) 定义域为 $[0, +\infty]$ 的实函数列:

$$f_k(x) = \begin{cases} 1, & x \in [0, k] \\ 0, & x \in (k, +\infty) \end{cases}$$

由例题 3.7 得 $f_k(x) \xrightarrow{\text{p.w.} E} f(x) = 1$.

但对 $\forall \sigma \in (0, 1)$, 有

$$mE[|f_k(x) - f(x)| \geqslant \sigma] = m[x|x \in (k, +\infty)] = m(k, +\infty) = \infty$$

3.2.3　依测度收敛与近一致收敛

> **定理 3.5**
>
> 设 $E \subset \mathbf{R}^n$，$\{f_k(x)\}_{k \in \mathbf{N}}$ 是 E 上几乎处处有限的可测函数列，若 $f_k(x) \overset{\text{a.u.}E}{\longrightarrow} f(x)$，则 $f_k(x) \overset{E}{\Longrightarrow} f(x)$.

证明　由条件知：$\forall \delta > 0, \exists E_\delta \subset E$，使得 $mE_\delta < \delta$，且在 $E \setminus E_\delta$ 上 $f_k(x) \rightrightarrows f(x)$，从而可得：$\forall \sigma > 0, \forall x \in E \setminus E_\delta, \exists N_0$ 使得 $x \in \bigcap\limits_{k=N_0}^{\infty} E\left[|f_k(x) - f(x)| < \sigma\right]$，则

$$E_\delta = (E \setminus E_\delta)^c \supseteq \left(\bigcap_{k=N_0}^{\infty} E\left[|f_k(x) - f(x)| < \sigma\right] \right)^c = \bigcup_{k=N_0}^{\infty} E\left[|f_k(x) - f(x)| \geqslant \sigma\right]$$

从而可得：

$$m\left(\bigcup_{k=N_0}^{\infty} E\left[|f_k(x) - f(x)| \geqslant \sigma\right] \right) < mE_\delta < \delta$$

由 $\delta > 0$ 的任意性得：$\forall \sigma > 0, \lim\limits_{k \to \infty} mE\left[|f_k(x) - f(x)| \geqslant \sigma\right] = 0$.

> **定理 3.6**
>
> 设 $E(\subset \mathbf{R}^n)$ 是可测集且 $mE < \infty$，$\{f_k(x)\}_{k \in \mathbf{N}}$ 是 E 上几乎处处有限的可测函数列，且 $f_k(x) \overset{E}{\Longrightarrow} f(x)$，则存在函数子列 $f_{k_i}(x) \overset{\text{a.u.}E}{\longrightarrow} f(x)$.

证明　由里斯定理及叶果洛夫定理可得.

3.2.4　收敛关系的图示

以上收敛关系的逻辑如图 3-2 所示.

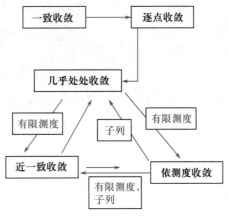

图 3-2　收敛关系图

3.2.5 函数列依测度收敛的性质

上述收敛定义中，"依测度收敛"是新引进的收敛定义. 下面对函数列"依测度收敛"的性质做进一步的说明.

性质 [3] （唯一性）若 $f_k(x) \overset{E}{\Longrightarrow} f(x), f_k(x) \overset{E}{\Longrightarrow} g(x)$，则 $f(x) \overset{\text{a.e.}}{=\!=\!=} g(x)$.

证明 对 $\forall l \in \mathbf{N}$，有

$$E\left[|f(x) - g(x)| \geqslant \frac{1}{l}\right] = E\left[|(f(x) - f_k(x)) + (f_k(x) - g(x))| \geqslant \frac{1}{l}\right]$$

$$\subset E\left[|f_k(x) - f(x)| \geqslant \frac{1}{2l}\right] \cup E\left[|f_k(x) - g(x)| \geqslant \frac{1}{2l}\right]$$

因此

$$mE\left[|f(x) - g(x)| \geqslant \frac{1}{l}\right] \leqslant mE\left[|f_k(x) - f(x)| \geqslant \frac{1}{2l}\right] + mE\left[|f_k(x) - g(x)| \geqslant \frac{1}{2l}\right]$$

根据已知条件，令 $k \to \infty$，得 $mE\left[|f(x) - g(x)| \geqslant \frac{1}{l}\right] = 0$.

从而有：

$$mE\left[f(x) \neq g(x)\right] = m\left(\bigcup_{l=1}^{\infty} E\left[|f(x) - g(x)| \geqslant \frac{1}{l}\right]\right)$$

$$\leqslant \sum_{l=1}^{\infty} mE\left[|f(x) - g(x)| \geqslant \frac{1}{l}\right] = 0$$

性质 [4] （线性运算性质）若 $f_k(x) \overset{E}{\Longrightarrow} f(x), g_k(x) \overset{E}{\Longrightarrow} g(x)$，则 $\forall c_1, c_2 \in \mathbf{R}, c_1 f_k(x) + c_2 g_k(x) \overset{E}{\Longrightarrow} c_1 f(x) + c_2 g(x)$.

证明 当 $c_1 = c_2 = 0$ 或者 c_1, c_2 中有一个为 0 时，由定义便可得. 下面只用证明 c_1, c_2 均不为 0 的情形. 对 $\forall \sigma > 0$，

$$E\left[|(c_1 f_k(x) + c_2 g_k(x)) - (c_1 f(x) + c_2 g(x))| \geqslant \sigma\right]$$

$$\subset E\left[|c_1||f_k(x) - f(x)| \geqslant \frac{\sigma}{2}\right] \cup E\left[|c_2||g_k(x) - g(x)| \geqslant \frac{\sigma}{2}\right]$$

从而得到：

$$0 \leqslant mE\left[|(c_1 f_k(x) + c_2 g_k(x)) - (c_1 f(x) + c_2 g(x))| \geqslant \sigma\right]$$

$$\leqslant mE\left[|c_1||f_k(x) - f(x)| \geqslant \frac{\sigma}{2}\right] + mE\left[|c_2||g_k(x) - g(x)| \geqslant \frac{\sigma}{2}\right]$$

由已知条件则得 $\lim_{k \to \infty} mE\left[|(c_1 f_k(x) + c_2 g_k(x)) - (c_1 f(x) + c_2 g(x))| \geqslant \sigma\right] = 0$.

性质 [5] 若 $f_k(x) \overset{E}{\Longrightarrow} f(x)$，则 $|f_k(x)| \overset{E}{\Longrightarrow} |f(x)|$.

证明 下面只证明 $mE < \infty$ 时的情形. 由已知 $\forall \sigma > 0, \lim_{k \to \infty} mE\left[|f_k(x) - f(x)| > \sigma\right] = 0$.

由于 $||f_k(x)| - |f(x)|| \leqslant |f_k(x) - f(x)|$，则有

$$mE\left[|f_k(x) - f(x)| \leqslant \sigma\right] \leqslant mE\left[||f_k(x)| - |f(x)|| \leqslant \sigma\right]$$

因此

$$0 \leqslant mE\left[||f_k(x)| - |f(x)|| \geqslant \sigma\right] = mE - mE\left[||f_k(x)| - |f(x)|| < \sigma\right]$$

$$\leqslant mE - mE\left[|f_k(x) - f(x)| < \sigma\right] = mE\left[|f_k(x) - f(x)| \geqslant \sigma\right]$$

上式两边同时令 $k \to \infty$，由迫敛性准则可得 $\lim\limits_{k\to\infty} mE\left[||f_k(x)| - |f(x)|| \geqslant \sigma\right] = 0$.

性质 [6]　若 $mE < +\infty$，且 $f_k(x) \stackrel{E}{\Longrightarrow} f(x)$，$g_k(x) \stackrel{E}{\Longrightarrow} g(x)$，则 $f_k(x) \cdot g_k(x) \stackrel{E}{\Longrightarrow} f(x) \cdot g(x)$.（证明留作习题）

习题 2

✍ **练习 3.8**　设 $\{f_k(x)\}_{k\in\mathbf{N}}$ 是可测集 E 上的可测函数列，且其在 E 上几乎处处收敛到 $f(x)$. 证明 $f(x)$ 在 E 上是可测函数.

✍ **练习 3.9**　设 $mE < +\infty$，且 $\{f_k(x)\}_{k\in\mathbf{N}}$ 是 E 上的实值可测函数列，证明：

$$\lim\limits_{k\to\infty} f_k(x) \xlongequal{\text{a.e.}E} 0 \text{ 的充要条件是 } \forall \sigma > 0,\ \lim\limits_{k\to\infty} m\left(E\left[\sup\limits_{i\geqslant k}|f_i(x)| \geqslant \sigma\right]\right) = 0.$$

✍ **练习 3.10**　设 $f(x), \{f_k(x)\}_{k\in\mathbf{N}}$ 是定义在 $[a,b]$ 上几乎处处有限的可测函数（列），且 $\lim\limits_{k\to\infty} f_k(x) \xlongequal{\text{a.e.}[a,b]} f(x)$. 证明存在 $E_k \subset [a,b]$, $(k = 1, 2, \cdots)$，使得 $m\left([a,b] \setminus \bigcup\limits_{k=1}^{\infty} E_k\right) = 0$，而 $\{f_k(x)\}_{k\in\mathbf{N}}$ 在每个 E_k 上一致收敛到 $f(x)$.

✍ **练习 3.11**　设 $E(\subset \mathbf{R})$ 是可测集，且 $mE < \infty$，$f(x)$、$\{f_k(x)\}_{k\in\mathbf{N}}$ 是定义在 E 上的实值可测函数（列）. 若 $\forall \varepsilon > 0$ 成立

$$\lim\limits_{k\to\infty} m\left(\bigcup\limits_{i=k}^{\infty}\{x \mid |f_i(x) - f(x)| > \varepsilon\}\right) = 0.$$

试证明：$\forall \delta > 0, \exists E_0 \subset E$ 使得 $mE_0 < \delta$ 且 $\{f_k(x)\}_{k\in\mathbf{N}}$ 在 $E\setminus E_0$ 上一致收敛于 $f(x)$.

✍ **练习 3.12**　设 $E(\subset \mathbf{R}^n)$ 是可测集，若可测函数列 $\{f_k(x)\}_{k\in\mathbf{N}}$ 定义在 E 上并依测度收敛于 $f(x)$，且 $f_k(x) \leqslant f_{k+1}(x)$，a.e.$E$. 证明 $\{f_k(x)\}_{k\in\mathbf{N}}$ 在 E 上几乎处处收敛于 $f(x)$.

✍ **练习 3.13**　设 $mE < +\infty$，若 $f_k(x) \stackrel{E}{\Longrightarrow} f(x)$，$g_k(x) \stackrel{E}{\Longrightarrow} g(x)$，则 $f_k(x) \cdot g_k(x) \stackrel{E}{\Longrightarrow} f(x) \cdot g(x)$.

✍ **练习 3.14**　设 $\{f_k(x)\}_{k\in\mathbf{N}}$ 在 $[a,b]$ 上依测度收敛于 $f(x)$，且 $g(x)$ 是 $\mathbf{R}$ 上的一致连续函数，证明 $\{g(f_k(x))\}_{k\in\mathbf{N}}$ 在 $[a,b]$ 上依测度收敛于 $g(f(x))$.

✍ **练习 3.15**　设 $\{f_k(x)\}$ 在 E 上依测度收敛于 $f(x)$，且对于任意 k，$f_k(x) \leqslant g(x)$，a.e.E. 证明 $f(x) \leqslant g(x)$，a.e.E.

3.3　可测函数的结构

下面我们进一步分析"可测函数"类与"连续函数"类的联系.

　　设 $f(x)$ 是定义在可测集 $E(\subset \mathbf{R}^n)$ 上的实值函数. 若对 $x_0 \in E$, $\forall \varepsilon > 0$, $\exists \delta > 0$, 当 $\forall x \in O(x_0, \delta) \cap E$ 时, 有 $|f(x) - f(x_0)| < \varepsilon$, 则称 $f(x)$ 在 x_0 点相对于集合 E 连续.

例题 3.10　狄立克莱函数

$$D(x) = \begin{cases} 1, & x \in [0,1] \cap \mathbf{Q}^c \\ 0, & x \in [0,1] \cap \mathbf{Q} \end{cases}$$

其相对于 $[0,1]$ 集合而言, 点点均不连续; 但是相对于 $[0,1] \cap \mathbf{Q}$ 及 $[0,1] \cap \mathbf{Q}^c$ 是连续的.

例题 3.11　当 $f(x)$ 在集合 E_1 与 E_2 上分别相对连续, 而 $f(x)$ 在集合 $E_1 \cup E_2$ 不一定相对连续; 但是反过来, 若 $f(x)$ 在集合 $E_1 \cup E_2$ 上相对连续, 则设 $f(x)$ 在集合 E_1 与 E_2 上分别相对连续.

　　对于定义在一般闭集上的连续函数, 有类似于闭区间上连续函数的性质. 这里不加证明地给出如下性质.

性质 [7]　令 $E \subset \mathbf{R}^n$ 是一个有界闭集, $f(x)$ 是定义在 E 上的实值连续函数, 则有:

(1) $f(x)$ 在 E 上有界, 并能取到最大最小值;

(2) 若 $\{f_k(x)\}_{k\in\mathbf{N}}$ 是 E 上的连续函数列, 并且当 $k \to \infty$ 时 $\{f_k(x)\}_{k\in\mathbf{N}}$ 在 E 上一致收敛到 $f(x)$, 则 $f(x)$ 在 E 上连续.

　　定义在可测集 E 上的连续函数 $f(x)$ 是可测函数.

证明　取 $\forall a \in \mathbf{R}$, 下面要验证 $E[f(x) > a]$ 是可测集. 对于 $\forall x \in E[f(x) > a]$, 取 $\varepsilon = f(x) - a$, 则 $\exists \delta_x$,

(1) 对 $\forall \widetilde{x} \in O(x, \delta_x) \cap E$, 有 $|f(x) - f(\widetilde{x})| < \varepsilon$, 可得 $O(x, \delta_x) \cap E \subset E[f(x) > a]$. 记 $G = \bigcup\limits_{x \in E[f(x)>a]} O(x, \delta_x)$, 则 G 是可测集. 且

$$G \cap E = \bigcup_{x \in E[f(x)>a]} (O(x, \delta_x) \cap E) \subset E[f(x) > a]$$

(2) 另外, $E[f > a] \subset \left(\bigcup\limits_{x \in E[f(x)>a]} O(x, \delta_x) \right) \cap E = G \cap E$.

综上可知 $E[f > a] = G \cap E$ 是可测集.

例题 3.12 (复合函数可测性) 设 $f(x)$ 是 **R** 上的连续函数，$g(x)$ 是 E 上的可测函数，则 $f(g(x))$ 是 E 上的可测函数.

证明 对 $\forall a \in \mathbf{R}$，下面要验证 $E[f(g(x)) > a]$ 是可测集. 为方便起见，后面记 $E[f > a] = f^{-}(a, +\infty)$ 及 $E[f(g(x)) > a]$ 为 $g^{-1}(f^{-1}(a, +\infty))$.

因为 f 是 **R** 上的连续函数，则 $f^{-1}(a, +\infty)$ 是开集，即有

$$f^{-1}(a, +\infty) = \bigcup_{k \in \mathbf{N}} (\alpha_k, \beta_k)$$

其中 $(\alpha_k, \beta_k) \subset \mathbf{R}$ 是互不相交的开区间列. 从而得：

$$g^{-1}(f^{-1}(a, +\infty)) = g^{-1}\left(\bigcup_{k \in \mathbf{N}} (\alpha_k, \beta_k)\right) = \bigcup_{k \in \mathbf{N}} \{x | \alpha_k < g(x) < \beta_k\}$$

又已知 $g(x)$ 是 E 上可测函数，从而得 $\bigcup_{k \in \mathbf{N}} \{x | \alpha_k < g(x) < \beta_k\}$ 是可测集，得

$$E[f(g(x)) > a] = \bigcup_{k \in \mathbf{N}} \{x | \alpha_k < g(x) < \beta_k\} \text{ 是可测集}$$

注 若在同样的条件下，上式中为 $g(f(x))$，要其为可测函数，则需要对 $f(x)$ 进一步加条件. 见周民强编著的《实变函数论》.

定理 3.7 (鲁津定理)

设 $f(x)$ 是可测集 $E(\subset \mathbf{R}^n)$ 上几乎处处有限的可测函数. 则 $\forall \varepsilon > 0$，存在闭集 $F \subset E$，使 $m(E \backslash F) < \varepsilon$ 且 $f(x)$ 在 F 上连续.

证明 不妨设 $f(x)$ 在 E 上有限，否则由于 $f(x)$ 在 E 上几乎处处有限，则 $mE[|f(x)| = +\infty] = 0$. 记 $E_1 = E[|f(x)| = +\infty]$，则在 $E \backslash E_1$ 上讨论问题即可.

1. 当 $f(x)$ 是简单函数时，定理结论成立. 事实上，当 $f(x)$ 是简单函数时，$f(x) = \sum_{i=1}^{k} C_i \chi_{E_i}$ 且 $E_i \cap E_j = \varnothing$ $(i \neq j)$，$\bigcup_{i=1}^{k} E_i = E$. 则 $\forall \varepsilon > 0$，存在闭集 $F_i \subset E_i$ 且 $m(E_i - F_i) < \frac{\varepsilon}{k}$，得 $f(x)$ 在 $\bigcup_{i=1}^{k} F_i$ 上连续，且

$$m\left(E - \bigcup_{i=1}^{k} F_i\right) = m\left(\bigcup_{i=1}^{k} E_i - \bigcup_{i=1}^{k} F_i\right) = m\left(\bigcup_{i=1}^{k} (E_i - F_i)\right)$$
$$\leqslant \sum_{i=1}^{k} m(E_i - F_i) < \sum_{i=1}^{k} \frac{\varepsilon}{k} = \varepsilon$$

2. 当 $f(x)$ 在 E 上是一致有界可测函数时，则存在简单函数列 $\varphi_k(x) \overset{E}{\rightrightarrows} f(x)$. 即得 $\forall \varepsilon > 0$，$\forall k \in \mathbf{N}$ 存在闭集 $F_k \subset E$，使 $m(E - F_k) < \frac{\varepsilon}{2^k}$. 令 $F = \bigcap_{k=1}^{\infty} F_k$，则 F 是

闭集且

$$m(E - F) = m\left(E - \bigcap_{k=1}^{\infty} F_k\right) \leqslant \sum_{k=1}^{\infty} m(E - F_k) \leqslant \sum_{k=1}^{\infty} \frac{\varepsilon}{2^k} = \varepsilon$$

由于 $\{\varphi_k(x)\}_{k \in \mathbf{N}}$ 在 F 上连续，且 $\varphi_k(x) \overset{F}{\rightrightarrows} f(x)$，从而 $f(x)$ 在 F 上连续.

3. 当 $f(x)$ 在 E 上是一般的有限可测函数时，令 $g(x) = \frac{f(x)}{1+|f(x)|}$，则 $g(x)$ 在 E 上是有界的可测函数. 从而由上一步可得：$\forall \varepsilon > 0$，存在闭集 $F \subset E$，使得 $g(x)$ 在 F 上连续，且 $m(E - F) < \varepsilon$. 由 $|g(x)| = \frac{|f(x)|}{1+|f(x)|} = 1 - \frac{1}{1+|f(x)|}$ 在 E 上连续，得 $f(x)$ 在 F 上连续.

定理 3.8 (鲁津定理的逆定理)

设 $f(x)$ 是可测集 $E(\subset \mathbf{R}^n)$ 上几乎处处有限的实值函数. 若对 $\forall \varepsilon > 0$ 存在闭集 $F_\varepsilon \subset E$，使 $m(E - F_\varepsilon) < \varepsilon$ 且 $f(x)$ 在 F_ε 上连续，则 $f(x)$ 在 E 上是可测函数. ♡

证明 由已知条件可得：$\forall \frac{1}{k} > 0$，存在闭集 $F_k \subset E$，使 $m(E - F_k) < \frac{1}{k}$ 且 $f(x)$ 在 F_k 上连续，因此 $f(x)$ 在 F_k 上可测.

记 $F = \bigcup_{k=1}^{\infty} F_k$，对 $\forall a \in \mathbf{R}$，得 $F[f(x) > a] = \bigcup_{k=1}^{\infty} F_k[f(x) > a]$ 是可测集，从而可得 $f(x)$ 在集合 F 上是可测函数.

由于 $E = (E - F) \cup F$，下面还需说明 $f(x)$ 在 $E - F$ 上可测. 因为

$$0 \leqslant m(E - F) \leqslant m(E - F_k) < \frac{1}{k}, \ \text{令} \ k \to \infty, \ \text{得：} m(E - F) = 0$$

从而说明 $f(x)$ 在 $E \backslash F$ 上是可测函数.

3.3.1 可测函数的延拓定理*

定义 3.8 (紧支集)

设 $f(x)$ 在 $\mathbf{R}^n$ 的子集 E 上有定义，称集合 $\{x | x \in E, f(x) \neq 0\}$ 的闭包为函数 $f(x)$ 的支（撑）集. 记为：$\mathrm{supp} f$. 更进一步地，若 $f(x)$ 的支集在 $\mathbf{R}^n$ 上是有界闭集，称 $f(x)$ 在 $\mathbf{R}^n$ 上是有紧支集的. ♣

为后续方便，这里我们介绍一个简单的延拓定理.

命题 3.4 (可测函数的延拓定理)

设 $E(\subset \mathbf{R}^n)$ 是有界可测集，实值函数 $f(x)$ 是 E 上几乎处处有限的可测函数. 则 $\forall \varepsilon > 0, \exists F_\varepsilon(\text{闭集}) \subset E$ 使得 $m(E - F_\varepsilon) < \varepsilon$，并存在定义在 $\mathbf{R}^n$ 上的连续函数 $g(x)$ 满足：

---

(1) $f(x)|_{F_\varepsilon} = g(x)|_{F_\varepsilon}$；

(2) 当 $|f(x)|_{x \in F_\varepsilon} \leqslant M$（$M$ 是常数）时，$|g(x)|_{\mathbf{R}^n} \leqslant M$；

(3) $g(x)$ 在 $\mathbf{R}^n$ 上具有紧支集.

证明　由鲁津定理知，只用证明：定义在闭集 F_ε 上的连续函数可以连续延拓到 $\mathbf{R}^n$ 上即可.

1. 由 $|f(x)|$ 在有界闭集 F_ε 上连续，从而有界. 不妨记 $x \in F_\varepsilon : |f(x)| \leqslant M$，并记：

$$A = \left\{ x \in F_\varepsilon \,\middle|\, \frac{M}{3} \leqslant f(x) \leqslant M \right\}$$

$$B = \left\{ x \in F_\varepsilon \,\middle|\, -\frac{M}{3} < f(x) < \frac{M}{3} \right\}$$

$$C = \left\{ x \in F_\varepsilon \,\middle|\, -M \leqslant f(x) \leqslant -\frac{M}{3} \right\}$$

显然 A, C 是互不相交的闭集. 记 $d(x, A)$ 表示点 $x(\in \mathbf{R}^n)$ 到集合 A 的距离，则其是连续函数（证明略）. 构造函数

$$g_1(x) = \frac{M}{3} \cdot \frac{d(x, C) - d(x, A)}{d(x, C) + d(x, A)}, \ x \in \mathbf{R}^n$$

由 A, C 的构造可知 $d(x, C) + d(x, A) > 0$. 得 $g_1(x)$ 在 $\mathbf{R}^n$ 上连续，且

$$|g_1(x)| \leqslant \frac{M}{3} \quad (x \in \mathbf{R}^n), \text{ 且 } |f(x) - g_1(x)| \leqslant \frac{2M}{3} \quad (x \in F_\varepsilon)$$

2. 对 $f(x) - g_1(x)$，重复以上步骤，则可类似构造 $g_2(x)$，使得：

$$|g_2(x)| \leqslant \frac{1}{3} \cdot \frac{2M}{3} \quad (x \in \mathbf{R}^n), \text{ 且 } |(f(x) - g_1(x)) - g_2(x)| \leqslant \frac{2}{3} \cdot \frac{2M}{3} \quad (x \in F_\varepsilon)$$

3. 重复以上过程，可以构造出连续函数列 $\{g_k(x)\}_{k \in \mathbf{N}}$，满足

$$|g_k(x)| \leqslant \frac{2^{k-1}}{3^k} M (x \in \mathbf{R}^n), \text{ 且 } \left| f(x) - \sum_{i=1}^{k} g_i(x) \right| \leqslant \left(\frac{2}{3} \right)^k M \quad (x \in F_\varepsilon)$$

从而可得：$\sum_{k=1}^{\infty} g_k(x)$ 在 $\mathbf{R}^n$ 上一致收敛到连续函数 $g(x)$，当 $x \in F_\varepsilon$ 时，$g(x) = f(x)$，并满足

$$|g(x)| = \left| \sum_{k=1}^{\infty} g_k(x) \right| \leqslant \frac{M}{3} \sum_{k=1}^{\infty} \left(\frac{2}{3} \right)^k = M \quad (x \in \mathbf{R}^n)$$

4. 进一步地，由于 E 是有界集，为此不妨设 $E \subset B(0, k)$. 此时的 $B(0, k)$ 表示圆心在原点、半径为 k 的球. 做 $\mathbf{R}^n$ 上的连续函数 $\phi(x)$，使得

$$\phi(x) = \begin{cases} 1, & x \in F_\varepsilon \\ 0, & x \notin B(0,k) \end{cases}$$

则记 $\tilde{g}(x) = \phi(x) \cdot g(x)$，可得 $\tilde{g}(x)$ 在 $\mathbf{R}^n$ 上连续且 $\mathrm{supp}\tilde{g}(x) \subset B(0,k)$，即 $\tilde{g}(x)$ 具有紧支集.

习题 3

✍ 练习 3.16   设 $E \subset \mathbf{R}$，$f(x)$ 是定义在 E 上的实值连续函数. 证明当 E 是有界闭集时，$f(x)$ 在 E 上一致连续，且 $f(x)$ 在 E 上有界，并存在最大最小值.

✍ 练习 3.17   令 $E \subset \mathbf{R}^n$ 是一个有界闭集，若 $\{f_k(x)\}_{k \in \mathbf{N}}$ 是 E 上的连续函数列，并且当 $k \to \infty$ 时 $\{f_k(x)\}_{k \in \mathbf{N}}$ 在 E 上一致收敛到 $f(x)$，证明 $f(x)$ 在 E 上连续.

✍ 练习 3.18   鲁津定理能否改成：存在闭集 F，使得 $m(E \backslash F) = 0$ 时，$f(x)$ 在 F 上连续.

✍ 练习 3.19   设 $E \subset \mathbf{R}$，且定义在 E 上的任何连续函数 $f(x): E \to \mathbf{R}$ 都能延拓成 $f(x): \mathbf{R} \to \mathbf{R}$，则 E 是 $\mathbf{R}$ 中的闭集.

第 4 章　勒贝格积分

黎曼积分这个工具在研究几何体面积、体积，物体的重心、质量等几何、物理中的问题有着重要的应用，但是其对函数的要求较高：有界且间断点"不能太多"．而且在黎曼积分框架下，积分与极限运算的交换条件较强，限制了黎曼积分这个工具的使用范围．为了推广积分这个工具到更一般的函数集上去，20 世纪初法国数学家勒贝格引入了基于测度论的勒贝格积分．相比黎曼积分，勒贝格积分在可积函数类的广泛度、积分和极限的顺序交换、重积分的积分次序选择等方面具有更好的性质．同时由于勒贝格积分的引入，可更容易理解一些"数学分析"课程中所用到的结论，例如区间 $[a,b]$ 上单调函数有界但有无限多间断点的函数的可积性，可更好地刻画数学分析中相关积分的本质．本章将主要介绍勒贝格积分及其运算性质．

后文中默认集合 $E \subset \mathbf{R}^n$ 为可测集，$f(x)$ 是定义在 E 上的实值可测函数．

4.1　有限测度集上几乎处处有界可测函数的勒贝格积分

下面先考虑 E 是有限测度，设 $f(x)$ 是定义在 E 上的有界可测函数，$a \leqslant f(x) \leqslant b$．令

$$\lambda: a = y_1 < y_2 < \cdots < y_K = b$$

是 $[a,b]$ 区间的任一个分割．并记

$$E_i = E[y_{i-1} \leqslant f(x) < y_i], \quad \delta(\lambda) = \max_{1 \leqslant i \leqslant K}\{y_i - y_{i-1}\}$$

我们作如下记号：

$$\text{下和：} \underline{S}(\lambda) = \sum_{i=1}^{K} y_{i-1} \cdot mE_i, \qquad \text{上和：} \overline{S}(\lambda) = \sum_{i=1}^{K} y_i \cdot mE_i$$

显然 $\underline{S}(\lambda) \leqslant \overline{S}(\lambda)$，其与黎曼积分中达布上、下和有类似的性质．

命题 4.1

定义在有界集 E 上有界的可测函数 $f(x)$，对其值域做的任意分割 λ 及 $\widetilde{\lambda}$，有 $\underline{S}(\lambda) \leqslant \underline{S}(\lambda \cup \widetilde{\lambda})$，$\overline{S}(\lambda \cup \widetilde{\lambda}) \leqslant \overline{S}(\lambda)$．♠

证明　不妨记值域 $f(E) = [a,b]$．其分割 λ 为 $l_0 = a < l_1 < l_2 < \cdots < l_K = b$，及 $\widetilde{\lambda}: \widetilde{l_0} = a < \widetilde{l_1} < \widetilde{l_2} < \cdots < \widetilde{l_{K'}} = b$．

记 $D = \lambda \cup \widetilde{\lambda}$ 为 λ 与 $\widetilde{\lambda}$ 的"加密"分割. 且在新分割 D 下，对在 λ 分割中对应的第 k 个集合 $\{f(x) \mid l_{k-1} \leqslant f(x) < l_k\}$ 内加入了 j 个新的分割点：

$$l_{k-1} = a_{k_0} < a_{k_1} < \cdots < a_{k_j} = l_k$$

则可得：

$$\underline{S}(\lambda) = \sum_{k=1}^{K} l_{k-1} mE_k = \sum_{k=1}^{K} l_{k-1} \left(\sum_{i=1}^{j} mE\left[a_{k_{i-1}} \leqslant f(x) < a_{k_i} \right] \right)$$

$$= \sum_{k=1}^{K} \sum_{i=1}^{j} l_{k-1} mE\left[a_{k_{i-1}} \leqslant f(x) < a_{k_i} \right] \leqslant \sum_{k=1}^{K} \sum_{i=1}^{j} a_{k_{i-1}} mE\left[a_{k_{i-1}} \leqslant f(x) < a_{k_i} \right]$$

$$= \underline{S}\left(\lambda \cup \widetilde{\lambda} \right) \quad \text{（加密后下和不减）}$$

$$\leqslant \sum_{k=1}^{K} \sum_{i=1}^{j} a_{k_i} mE\left[a_{k_{i-1}} \leqslant f(x) < a_{k_i} \right] = \overline{S}\left(\lambda \cup \widetilde{\lambda} \right) \quad \text{（下和小于等于上和）}$$

$$\leqslant \sum_{k=1}^{K} \sum_{i=1}^{j} l_k \cdot mE\left[a_{k_{i-1}} \leqslant f(x) < a_{k_i} \right] = \sum_{k=1}^{K} l_k \cdot mE\left[l_{k-1} \leqslant f(x) < l_k \right] = \overline{S}(\lambda)$$

定义 4.1 (勒贝格积分)

令 $f(x)$ 是定义在有界集 E 上有界的可测函数，λ 是对其值域 $f(E)$ 的任一分割. 若对 $\forall \xi_k \in [y_{k-1}, y_k]$，极限 $\displaystyle\lim_{\delta(\lambda) \to 0} \sum_{k=1}^{K} \xi_k \cdot mE_k$ 均存在且相等（为方便起见记为 J_0），则称 $f(x)$ 在集合 E 上勒贝格可积（简记为 L-可积），并称常数 J_0 是 $f(x)$ 在 E 上的勒贝格积分. 记为：

$$(L) \int_E f(x) \mathrm{d}m = \lim_{\delta(\lambda) \to 0} \sum_{k=1}^{K} \xi_k \cdot mE_k = J_0 \tag{4.1}$$

注　(4.1) 式极限存在的充要条件是：

$$\lim_{\delta(\lambda) \to 0} \underline{S}(\lambda) = \lim_{\delta(\lambda) \to 0} \overline{S}(\lambda) \tag{4.2}$$

(4.2) 式的结构类似于黎曼积分定义中的达布上、下和. 粗略来讲，只是"切割"方向发生了变化.

例题 4.1　若 $E_0 \subset E$ 且 $mE_0 = 0$，则 $(L) \int_{E_0} f(x) \mathrm{d}x = 0$.

例题 4.2 (简单函数的勒贝格积分)　设 E 上的简单函数 $\varphi(x) = \sum_{i=1}^{k} c_i \chi_{E_i}(x)$，其中 $E_i = E[\varphi(x) = c_i]$, $(i = 1, \cdots, k)$，是两两互不相交的可测集列，且 $\bigcup_{i=1}^{k} E_i = E$，$\chi_{E_i}(x)$ 是集合 E_i 的特征函数. 当 $mE < \infty$ 时，则

$$(L)\int_E \varphi(x)\mathrm{d}m = \sum_{i=1}^k c_i m E_i$$

证明　任取 $0 < \varepsilon < \frac{1}{2}\min\{|c_i - c_j|, i, j = 1, \cdots, k, i \neq j\}$. 记 $E_i(\varepsilon) = E[c_i - \frac{\varepsilon}{1+mE} \leqslant \phi(x) < c_i + \frac{\varepsilon}{1+mE}]$, 可得 $E_i(\varepsilon) = E_i$. 且

$$\sum_{i=1}^k c_i m E_i - \varepsilon < \sum_{i=1}^k \left(c_i - \frac{\varepsilon}{1+mE}\right) m E_i(\varepsilon)$$

$$\leqslant \underline{S} \leqslant \overline{S} \leqslant \sum_{i=1}^k \left(c_i + \frac{\varepsilon}{1+mE}\right) m E_i(\varepsilon)$$

$$< \sum_{i=1}^k c_i m E_i + \varepsilon$$

由 ε 的任意性, 证毕.

注　在一些教材中, 也有如下的勒贝格积分引入方式:

(1) 先定义简单函数的勒贝格积分;

(2) 对于一般的可测函数, 可以用简单函数的勒贝格积分序列的极限来定义.

这里我们采用前述的引入方法主要是想建立起勒贝格积分和黎曼积分的更直观的联系, 以便理解.

例题 4.3

$$D(x) = \begin{cases} 1, & x \in [0,1] \cap \mathbf{Q} \triangleq E_1 \\ 0, & x \in [0,1] \cap \mathbf{Q}^c \triangleq E_2 \end{cases}$$

则 $(L)\int_{[0,1]} D(x)\mathrm{d}m = 1 \cdot m E_1 + 0 \cdot E_2 = 0$.

4.1.1　有限测度集上有界可测函数的勒贝格积分运算性质

命题 4.2

设 $f(x)$ 是定义在有限测度集 E 上有界的可测函数, 则 $f(x)$ 在 E 上勒贝格可积.

证明　不妨令 $|f(x)| \leqslant M$(常数), 则对于任意 $f(E)$ 分割 λ 有

$$0 \leqslant \overline{S}(\lambda) - \underline{S}(\lambda) = \sum_{k=1}^K (l_k - l_{k-1}) m E[l_{k-1} \leqslant f(x) < l_k]$$

$$\leqslant \delta(\lambda) \sum_{k=1}^K m E[l_{k-1} \leqslant f(x) < l_k] = \delta(\lambda) m E$$

从而可得: $\lim_{\delta(\lambda)\to 0} \overline{S}(\lambda) = \lim_{\delta(\lambda)\to 0} \underline{S}(\lambda)$, 即 $f(x)$ 在 E 上勒贝格可积.

性质 [1]　设 $f(x)$ 是定义在有限测度集 E 上的可测函数, 且 $a \leqslant f(x) \leqslant b$ $(a, b \in \mathbf{R})$, 则

$$a \cdot mE \leqslant \int_E f(x)\mathrm{d}m \leqslant b \cdot mE$$

成立.

证明　对 $f(x)$ 的值域作任一分割

$$\lambda: l_0 = a < l_1 < l_2 < \cdots < l_k = b$$

则由命题 4.1 和命题 4.2 可得:

$$a \cdot mE = \sum_{i=1}^{k} a \cdot mE[l_{i-1} \leqslant f(x) < l_i]$$

$$\leqslant \lim_{\delta(\lambda) \to 0} \sum_{i=1}^{k} l_{i-1} \cdot mE[l_{i-1} \leqslant f(x) < l_i] = \int_E f(x)\mathrm{d}m$$

$$= \lim_{\delta(\lambda) \to 0} \sum_{i=1}^{k} l_i \cdot mE[l_{i-1} \leqslant f(x) < l_i]$$

$$\leqslant \sum_{i=1}^{k} b \cdot mE[l_{i-1} \leqslant f(x) < l_i] \leqslant b \cdot mE$$

性质 [2]　设 $f(x)$ 是定义在有限测度集 E 上的有界可测函数, 则

(1) $\forall c \in \mathbf{R}$, 可得 $\int_E c \cdot f(x)\mathrm{d}m = c \int_E f(x)\mathrm{d}m$;

(2) 若 $E^1, \cdots, E^k$ 是 E 中两两互不相交的可测集列, 且 $E = \bigcup_{i=1}^{k} E^i$, 则

$$\int_E f(x)\mathrm{d}m = \sum_{i=1}^{k} \int_{E^i} f(x)\mathrm{d}m \quad (\text{积分区域有限可加性})$$

证明　设 $f(x)$ 在 E 上的上、下界分别是 a 与 b. 对 $f(x)$ 的值域作任一分割, 则

$$\lambda: a = l_0 < l_1 < \cdots < l_K = b, \text{ 并记 } \delta = \max_{1 \leqslant i \leqslant K}\{l_i - l_{i-1}\} \tag{4.3}$$

1. 不妨令 $c > 0$. 则 $\lambda': l_0' = c \cdot a < c \cdot l_1 < c \cdot l_2 < \cdots < c \cdot l_K = c \cdot b$ 是 $c \cdot f(x)$ 值域的任一分割, 那么由勒贝格积分的定义: $\forall \eta_i \in [c \cdot l_{i-1}, c \cdot l_i]$ (此时 $l_{i-1} \leqslant \frac{1}{c}\eta_i \leqslant l_i$), 可得:

$$\int_E c \cdot f(x)\mathrm{d}m = c \lim_{\delta(\lambda) \to 0} \sum_{i=1}^{K} \left(\frac{\eta_i}{c}\right) mE[l_{i-1} \leqslant f(x) < l_i] = c \int_E f(x)\mathrm{d}m$$

2. 只用证明 $k = 2$ 的情况. 令 $E = E^1 \cup E^2$, 且 $E^1 \cap E^2 = \varnothing$. 由命题 4.2 可知 $f(x)$ 在 E、E^1 及 E^2 上勒贝格可积. 记 $E_i = E[l_{i-1} \leqslant f(x) < l_i]$ $(i = 1, \cdots, K)$, 则 $E_i \cap E_j = \varnothing$, $j \neq i$, 且有 $\bigcup_{i=1}^{K} E_i = E$. 记

$$\widetilde{E_i}^{(1)} = E_i \cap E^1, \ \widetilde{E_i}^{(2)} = E_i \cap E^2$$

则 $\widetilde{E_i}^{(1)} \cap \widetilde{E_i}^{(2)} = \varnothing$ 且 $\widetilde{E_i}^{(1)} \cup \widetilde{E_i}^{(2)} = E_i$. 可得 $\{\widetilde{E_i}^{(1)}, \widetilde{E_i}^{(2)}\}_{i=1,\cdots,K}$ 构成 E 的一组互不相交的分割，且 $\{E_i^{(1)}\}_{i=1,\cdots,K}, \{E_i^{(2)}\}_{i=1,\cdots,K}$ 分别构成 E^1 与 E^2 的一组两两互不相交的分割. 从而可得：

$$\begin{aligned}
\int_E f(x)\mathrm{d}x &\leqslant \sum_{i=1}^{K} l_i m E_i = \sum_{i=1}^{K} l_i m \left(\widetilde{E_i}^{(1)} \cup \widetilde{E_i}^{(2)}\right) \\
&= \sum_{i=1}^{K} l_i m \widetilde{E_i}^{(1)} + \sum_{i=1}^{K} l_i m \widetilde{E_i}^{(2)} \\
&\leqslant \sum_{i=1}^{K} (l_{i-1} + \delta) m \widetilde{E_i}^{(1)} + \sum_{i=1}^{K} (l_{i-1} + \delta) m \widetilde{E_i}^{(2)} \\
&\leqslant \sum_{i=1}^{K} l_{i-1} m \widetilde{E_i}^{(1)} + \sum_{i=1}^{K} l_{i-1} m \widetilde{E_i}^{(2)} + \delta \sum_{i=1}^{K} \left(m \widetilde{E_i}^{(1)} + m \widetilde{E_i}^{(2)} \right) \\
&\leqslant \left[\int_{E^1} f(x)\mathrm{d}m + \int_{E^2} f(x)\mathrm{d}m \right] + \delta \cdot mE
\end{aligned}$$

另外，

$$\begin{aligned}
\int_E f(x)\mathrm{d}m + \delta \cdot mE &\geqslant \sum_{i=1}^{K} l_{i-1} m E_i + \delta \cdot mE = \sum_{i=1}^{K} (l_{i-1} + \delta) m E_i \\
&\geqslant \sum_{i=1}^{K} l_i m E_i = \sum_{i=1}^{K} l_i m \widetilde{E_i}^{(1)} + \sum_{i=1}^{K} l_i m \widetilde{E_i}^{(2)} \\
&\geqslant \int_{E^1} f(x)\mathrm{d}m + \int_{E^2} f(x)\mathrm{d}m
\end{aligned}$$

根据以上两式，令 $\delta \to 0$ 便得 $\int_E f(x)\mathrm{d}x = \int_{E_1} f(x)\mathrm{d}x + \int_{E_2} f(x)\mathrm{d}x$.

性质 [3]　令 $f(x)$、$g(x)$ 是定义在有限测度集 E 上 a.e. 有界的可测函数，则

$$\int_E (f(x) + g(x))\mathrm{d}m = \int_E f(x)\mathrm{d}m + \int_E g(x)\mathrm{d}m$$

证明　由条件知，$f(x)$、$g(x)$ 及 $f(x)+g(x)$ 在 E 上均为勒贝格可积. 不妨设 $a \leqslant f(x) \leqslant b$ 及 $c \leqslant g(x) \leqslant d$，则

1. 对 $f(x)$ 的值域作任一分割

$$\lambda : a = l_0 < l_1 < \cdots < l_k = b, \ \text{并记} \ \delta = \max_{1 \leqslant i \leqslant k} \{l_i - l_{i-1}\}$$

记 $E_i = E[x | l_{i-1} \leqslant f(x) < l_i]$，则 $E = \bigcup_{i=1}^{k} E_i$ 且 $E_i \cap E_j = \varnothing \ (i \neq j)$.

2. 对 $g(x)$ 的值域做任意分割，使得：

$$\widetilde{\lambda}: c = \widetilde{l_0} < \widetilde{l_1} < \widetilde{l_2} < \cdots < \widetilde{l_K} = d, \text{ 且 } \max_{1 \leqslant j \leqslant K}\{\widetilde{l_{j+1}} - \widetilde{l_j}\} < \delta$$

记 $\widetilde{E_j} = E[x | \widetilde{l_{j-1}} \leqslant g(x) < \widetilde{l_j}]$，则 $E = \bigcup\limits_{j=1}^{K} \widetilde{E_j}$ 且 $\widetilde{E_i} \cap \widetilde{E_j} = \varnothing$ $(i \neq j)$.

进一步地，记

$$E_{ij} = E[l_{i-1} \leqslant f(x) < l_i] \cap E[\widetilde{l_{j-1}} \leqslant g(x) < \widetilde{l_j}], \text{ 则由构造可得 } E_{ij} \cap E_{i'j} = \varnothing \ (i \neq i').$$

且有

$$E_i = E[l_{i-1} \leqslant f(x) < l_i] = \bigcup_{j=1}^{K} E[l_{i-1} \leqslant f(x) < l_i, \widetilde{l_{j-1}} \leqslant g(x) < \widetilde{l_j}] = \bigcup_{j=1}^{K} E_{ij}$$

类似地，当 i 固定时

$$E_{ij} \cap E_{ij'} = \varnothing \ (j \neq j') \text{ 且 } \bigcup_{i=1}^{k} E_{ij} = \widetilde{E_j}$$

从而可得：当 i, i' 与 j, j' 不全相等时，集合 E_{ij} 与 $E_{i'j'}$ 不相交，且有 $\bigcup\limits_{i,j}^{k,K} E_{ij} = E.$
由性质 [2] 得

$$\begin{aligned}
\int_E (f(x) + g(x)) \mathrm{d}m &= \sum_i^k \sum_{j=1}^K \int_{E_{ij}} (f(x) + g(x)) \, \mathrm{d}m \\
&\leqslant \sum_i^k \sum_{j=1}^K \left(l_{i-1} + \widetilde{l_{j-1}}\right) m E_{ij} + 2\delta \sum_i^k \sum_{j=1}^K m E_{ij} \\
&= \sum_{i=1}^k l_{i-1} m E_i + \sum_{j=1}^K \widetilde{l_{j-1}} m \widetilde{E_j} + 2\delta m E \\
&\leqslant \int_E f(x) \mathrm{d}m + \int_E g(x) \mathrm{d}m + 2\delta m E
\end{aligned} \tag{4.4}$$

另外，由性质 [2] 可得

$$\begin{aligned}
\int_E (f(x) + g(x)) \mathrm{d}m &= \sum_i^k \sum_{j=1}^K \int_{E_{ij}} (f(x) + g(x)) \, \mathrm{d}m \\
&\geqslant \sum_i^k \sum_{j=1}^K \left(l_{i-1} + \widetilde{l_{j-1}}\right) m E_{ij} \\
&\geqslant \sum_{i=1}^k l_i m E_i + \sum_{j=1}^K \widetilde{l_{j-1}} m \widetilde{E_j} - 2\delta m E \\
&\geqslant \int_E f(x) \mathrm{d}m + \int_E g(x) \mathrm{d}m - 2\delta m E
\end{aligned}$$

从而令 $\delta \to 0$, 则得 $\int_E (f(x) + g(x))\mathrm{d}m = \int_E f(x)\mathrm{d}m + \int_E g(x)\mathrm{d}m$.

习题 1

✍ **练习 4.1**　结合黎曼积分中的达布上、下和的定义, 试分析其与有限测度集合上简单函数的勒贝格积分的相似与不同.

✍ **练习 4.2**　设 $f(x)$、$g(x)$ 是定义在有限测度集 E 上的实值函数, 是 $f(x) \xlongequal{\mathrm{a.e.}E} g(x)$. 若 $f(x)$ 在 E 上勒贝格可积, 证明 $g(x)$ 在 E 上也是勒贝格可积, 并且 $(L)\int_E f(x)\mathrm{d}m = (L)\int_E g(x)\mathrm{d}m$.

4.2　一般可测函数的勒贝格积分的性质

从上一节可知, 在 $mE < +\infty$ 时, 对定义在 E 上几乎处处有界的可测函数 $f(x)$ 定义了勒贝格积分. 正如 "数学分析" 课程中学习黎曼积分的逻辑一样: 当积分区域无界或者被积函数无界时, 我们定义了广义积分包括无穷积分与瑕积分. 接下来我们将对 $mE \leqslant \infty$ 及 $f(x)$ 是不满足几乎处处有界的一般可测函数时, 给出相应的勒贝格积分定义.

记

$$f^+(x) = \begin{cases} f(x), & f(x) \geqslant 0 \\ 0, & f(x) < 0 \end{cases} \qquad f^-(x) = \begin{cases} -f(x), & f(x) \leqslant 0 \\ 0, & f(x) > 0 \end{cases}$$

则有 $f(x) = f^+(x) - f^-(x)$.

4.2.1　当 $mE < +\infty$, 但 $f(x)$ 在 E 上不满足 a.e. 有界

定义这种类型的勒贝格积分, 类似于黎曼积分的 "瑕积分". 基于上一节的定义方式, 对于有限测度集合 E 上一般的可测函数, 可用几乎处处有界的可测函数列的勒贝格积分来逼近目标.

> **定义 4.2** (有限测度集上一般可测函数的勒贝格积分)
>
> 设 E 是有限测度的可测集. 当 $f(x)$ 是 E 上的可测函数, 记为 $f(x) = f^+(x) - f^-(x)$. 构造
>
> $$f_k^+(x) = \min\{f^+(x), k\}, \ f_k^-(x) = \min\{f^-(x), k\}$$
>
> 并分别定义
>
> $$\lim_{k \to \infty} \int_E f_k^+(x)\mathrm{d}m \ \ (\text{可取值为} +\infty), \ \lim_{k \to \infty} \int_E f_k^-(x)\mathrm{d}m \ \ (\text{可取值为} +\infty)$$

若上式两个极限中至少有一个不是 $+\infty$ [避免 $(+\infty) - (+\infty)$]，则称

$$\lim_{k\to\infty}\int_E f_k^+(x)\mathrm{d}m - \lim_{k\to\infty}\int_E f_k^-(x)\mathrm{d}m$$

为 $f(x)$ 在 E 上的积分.

进一步地，如果上式是一个有限实数，则称 $f(x)$ 在 E 上勒贝格可积，记为：

$$(L)\int_E f(x)\mathrm{d}x = \lim_{k\to\infty}\int_E f_k^+(x)\mathrm{d}m - \lim_{k\to\infty}\int_E f_k^-(x)\mathrm{d}m$$

♣

4.2.2　当 $mE \leqslant \infty$ 时，一般可测函数的勒贝格积分

对于更一般的情况：$mE \leqslant \infty$ 且 $f(x)$ 是定义在 E 上的一般可测函数时，可以结合定义 4.1 与定义 4.2 得：

定义 4.3 (当 $mE \leqslant \infty$ 时，E 上一般可测函数的勒贝格积分)

设 $f(x)$ 是定义在 E 上的可测函数. 记 $f(x) = f^+(x) - f^-(x)$ 及 $E_k = E \cap \{x||x| \leqslant k\}(k \in \mathbf{N}^+)$. 定义

$$A \triangleq \lim_{k\to\infty}\int_{E_k} f^+(x)\mathrm{d}m - \lim_{k\to\infty}\int_{E_k} f^-(x)\mathrm{d}m$$

若上式右端中两个极限项不同时为 $+\infty$[避免 $(+\infty)-(+\infty)$]，则称 A 是 $f(x)$ 在 E 上的积分. 特别地，若 $|A| < +\infty$，则称 $f(x)$ 在 E 上勒贝格可积，A 是其积分值，并记为

$$(L)\int_E f(x)\mathrm{d}m = \lim_{k\to\infty}\int_{E_k} f^+(x)\mathrm{d}m - \lim_{k\to\infty}\int_{E_k} f^-(x)\mathrm{d}m$$

♣

注　当 $f(x)$ 不满足几乎处处有界时，则 $f^+(x)$ 或 $f^-(x)$ 至少有一个不是几乎处处有界的. 从而相应的 $\int_{E_k} f^+(x)\mathrm{d}m$ 或 $\int_{E_k} f^-(x)\mathrm{d}m$ 由定义 4.2 给出.

黎曼积分时，由 $|f|$ 可积并不一定能得到 f 可积. 但由命题 4.2及定义 4.2 与定义 4.3，可得其勒贝格可积.

命题 4.3

可测函数 $f(x)$ 在可测集 E 上勒贝格可积，当且仅当 $|f(x)|$ 在 E 上勒贝格可积.

♠

证明　因为 $f(x) = f^+(x) - f^-(x)$ 及 $|f(x)| = f^+(x) + f^-(x)$，$f(x)$ 在 E 上勒贝格可积对应 $f^+(x)$ 及 $f^-(x)$ 均在 E 上勒贝格可积，从而 $|f(x)|$ 也勒贝格可积. 反之亦然.

根据以上定义，类似于性质 [1] 至性质 [3]，对于一般的可测函数的勒贝格积分有以下的性质.

性质 [4]　设 $f(x)$、$g(x)$ 在 E 上均勒贝格可积，则

(1) $\forall c \in \mathbf{R}$, $\int_E c \cdot f(x) \mathrm{d}m = c \int_E f(x) \mathrm{d}m$;

(2) 当 $E^1 \cap E^2 = \varnothing$, 且 $f(x)$ 在 E^1、E^2 上均勒贝格可积时, 则 $f(x)$ 在 $E^1 \cup E^2$ 上勒贝格可积, 且 $\int_{E^1 \cup E^2} f(x)\mathrm{d}m = \int_{E^1} f(x)\mathrm{d}m + \int_{E^2} f(x)\mathrm{d}m$;

(3) $\int_E (f(x) + g(x))\mathrm{d}m = \int_E f(x)\mathrm{d}m + \int_E g(x)\mathrm{d}m$.

证明　由于 $f(x)$、$g(x)$ 在 E 上均勒贝格可积, 从而 $f^{\pm}(x), g^{\pm}(x)$ 在 E 上均勒贝格可积. 为方便起见, 记

$$[f^{\pm}(x)]_a = \min\{f^{\pm}(x), a\}, a \in \mathbf{R}^+; \ E_i = E \cap \{|x| < i, i \in \mathbf{N}\}$$

1. 不妨令 $c > 0$, 则 $(c \cdot f(x))^+ = c \cdot f^+(x)$, $(c \cdot f(x))^- = c \cdot f^-(x)$. 由 $\forall k \in \mathbf{N}$ 可得

$$[c \cdot f^+(x)]_k = \min\{c \cdot f^+(x), k\} = c \min\left\{f^+(x), \frac{k}{c}\right\}$$

从而由定义 4.2 及定义 4.3 可得

$$\int_E (c \cdot f(x))^+ \mathrm{d}m = \lim_{i \to \infty} \lim_{k \to \infty} \int_{E_i} [(c \cdot f(x))^+]_k \mathrm{d}m$$

$$= c \lim_{i \to \infty} \lim_{k \to \infty} \int_{E_i} [f(x)^+]_{\frac{k}{c}} \mathrm{d}m$$

$$= c \lim_{i \to \infty} \int_{E_i} f^+(x) \mathrm{d}m = c \int_E f^+(x) \mathrm{d}m$$

类似地, $\int_E (c \cdot f(x))^- \mathrm{d}m = c \int_E f^-(x) \mathrm{d}m$.

2. 注意到 E^1 与 E^2 不相交, 且 $f(x)$ 在 E^1 与 E^2 上均勒贝格可积, 则

$$\int_{E^1 \cup E^2} f(x)^+ \mathrm{d}m = \lim_{i \to \infty} \lim_{k \to \infty} \int_{(E^1 \cup E^2) \cap \{|x| < i\}} [f^+(x)]_k \mathrm{d}m$$

$$= \lim_{i \to \infty} \lim_{k \to \infty} \left(\int_{E^1 \cap \{|x| < i\}} [f^+(x)]_k \mathrm{d}m + \int_{E^2 \cap \{|x| < i\}} [f^+(x)]_k \mathrm{d}m \right)$$

$$= \lim_{i \to \infty} \int_{E^1 \cap \{|x| < i\}} f^+(x) \mathrm{d}m + \lim_{i \to \infty} \int_{E^2 \cap \{|x| < i\}} f^+(x) \mathrm{d}m$$

$$= \int_{E^1} f^+(x) \mathrm{d}m + \int_{E^2} f^+(x) \mathrm{d}m$$

类似地可证明　$\int_{E^1 \cup E^2} f^-(x) \mathrm{d}m = \int_{E^1} f^-(x) \mathrm{d}m + \int_{E^2} f^-(x) \mathrm{d}m$.

3. 首先易得: $[f(x) + g(k)]_k \leqslant [f(x)]_k + [g(x)]_k \leqslant [f(x) + g(x)]_{2k}$. 从而由 $f(x)$、$g(x)$ 都是 E 上勒贝格可积的, 从而得:

$$\int_E \big(f(x) + g(x)\big)^+ \mathrm{d}m = \lim_{i \to \infty} \lim_{k \to \infty} \int_{E_i} [(f(x) + g(x))^+]_k \mathrm{d}m$$

$$\leqslant \lim_{i \to \infty} \lim_{k \to \infty} \int_{E_i} [f^+(x)]_k \mathrm{d}m + \lim_{i \to \infty} \lim_{k \to \infty} \int_{E_i} [g^+(x)]_k \mathrm{d}m$$

$$= \int_E f^+(x) \mathrm{d}m + \int_E g^+(x) \mathrm{d}m$$

同时：

$$\int_E \big(f(x)+g(x)\big)^+ \mathrm{d}m = \lim_{i\to\infty}\lim_{k\to\infty}\int_{E_i}[(f(x)+g(x))^+]_{2k}\mathrm{d}m$$

$$\geqslant \lim_{i\to\infty}\lim_{k\to\infty}\int_{E_i}[f^+(x)]_k\mathrm{d}m + \lim_{i\to\infty}\lim_{k\to\infty}\int_{E_i}[g^+(x)]_k\mathrm{d}m$$

$$= \int_E f^+(x)\mathrm{d}m + \int_E g^+(x)\mathrm{d}m$$

则有 $\int_E \big(f(x)+g(x)\big)^+\mathrm{d}m = \int_E f^+(x)\mathrm{d}m + \int_E g^+(x)\mathrm{d}m$. 类似地可证明 $\int_E \big(f(x)+g(x)\big)^-\mathrm{d}m = \int_E f^-(x)\mathrm{d}m + \int_E g^-(x)\mathrm{d}m$.

命题 4.4

在 E 上 $f(x)\overset{\text{a.e.}}{=}g(x)$，若在 E 上 $f(x)$ 是勒贝格可积函数，则 $g(x)$ 在 E 上勒贝格可积，且 $\int_E f(x)\mathrm{d}x = \int_E g(x)\mathrm{d}x$. ♠

证明　由已知存在 $E_0 \subset E$ 且 $mE_0 = 0$，则

$$f(x) = \begin{cases} g(x), & E\backslash E_0 \\ f(x), & E_0 \end{cases}$$

由性质 [4] 可得：

$$\int_E f(x)\mathrm{d}m = \int_{E\backslash E_0} f(x)\mathrm{d}m + \int_{E_0} f(x)\mathrm{d}m = \int_{E\backslash E_0} f(x)\mathrm{d}m$$

$$= \int_{E\backslash E_0} g(x)\mathrm{d}m = \int_E g(x)\mathrm{d}m$$

命题 4.5 (勒贝格积分的单调性)

设 $f(x)$、$g(x)$ 在 E 上勒贝格可积，且 $f(x) \leqslant g(x)$, a.e.E. 则 $\int_E f(x)\mathrm{d}m \leqslant \int_E g(x)\mathrm{d}m$. 特别地，$|\int_E f(x)\mathrm{d}m| \leqslant \int_E |f(x)|\mathrm{d}m$. ♠

证明　令 $F(x) = g(x) - f(x)$，则 $F(x) \geqslant 0$, a.e.E. 由性质 [4] 可得：

$$\int_E g(x)\mathrm{d}m - \int_E f(x)\mathrm{d}m = \int_E F(x)\mathrm{d}m = \lim_{i\to\infty}\lim_{k\to\infty}\int_{E_i}[F(x)]_k\mathrm{d}m$$

其中，$E_i = E \cap \{|x| < i, i \in \mathbf{N}\}$，$[F(x)]_k$ 是几乎处处有界可测函数，由性质 [1] 可得：

$$\int_{E_i}[F(x)]_k\mathrm{d}m \geqslant 0$$

由极限的保序性，可得 $\int_E F(x)\mathrm{d}m \geqslant 0$.

进一步地,注意到 $-|f(x)| \leqslant f(x) \leqslant |f(x)|$,结合上式便得 $|\int_E f(x)\mathrm{d}m| \leqslant \int_E |f(x)|\mathrm{d}m$.

推论 4.1 [切比雪夫 (Chebyshev) 不等式]

若 $a \in \mathbf{R}^+$ 且 $f(x)$ 是定义在 E 上勒贝格可积的非负可测函数,则

$$mE[f(x) \geqslant a] \leqslant \frac{1}{a} \int_E f(x)\mathrm{d}m$$

♡

证明 任取 $a > 0$,构造

$$\varphi_a(x) = \begin{cases} a, & E_0 = \{x | f(x) \geqslant a\} \\ 0, & E_1 = \{x | f(x) < a\} \end{cases}, \text{ 易得 } E_0 \cup E_1 = E, \ E_0 \cap E_1 = \varnothing$$

则 $\varphi_a(x)$ 是简单函数,且 $\varphi(x) \leqslant f(x)$,从而可得:

$$a \cdot mE[f(x) \geqslant a] = \int_{E_0} \varphi_a(x)\mathrm{d}x = \int_E \varphi_a(x)\mathrm{d}m \leqslant \int_E f(x)\mathrm{d}m$$

命题 4.6

若 $f(x)$ 在 E 上勒贝格可积,则在 E 上 $f(x)$ 几乎处处有限.

♠

证明 由切比雪夫不等式可得:对 $\forall k \in \mathbf{N}^+, mE[|f| \geqslant k] \leqslant \frac{1}{k} \int_E |f(x)|\mathrm{d}m$,可得

$$mE[|f| = +\infty] = m\left(\bigcap_{k \in \mathbf{N}} E[|f(x)| \geqslant k]\right) \leqslant mE[|f(x)| \geqslant k] \leqslant \frac{1}{k} \int_E |f(x)|\mathrm{d}m$$

令 $k \to +\infty$,从而 $mE[|f(x)| = +\infty] = 0$.

习题 2

✍ **练习 4.3** 若 $f(x) = \begin{cases} x^3, & x \in \mathbf{Q}, \\ \dfrac{1}{\sqrt{x}}, & x \in \mathbf{Q}^c. \end{cases}$ 求 $(L)\int_{[0,1]} f(x)\,\mathrm{d}m$.

✍ **练习 4.4** (积分关于变量平移不变) 令 $x_0 \in \mathbf{R}^n$,当 $f(x)$ 在 $\mathbf{R}^n$ 上勒贝格可积时,则 $(L): \int_{\mathbf{R}^n} f(x_0 + x)\mathrm{d}x = \int_{\mathbf{R}^n} f(x)\mathrm{d}x$.

✍ **练习 4.5** 设 $f^3(x)$ 在有限测度集 E 非负勒贝格可积,证明 $f^2(x)$ 在 E 上勒贝格可积.

✍ **练习 4.6** 设 $f(x)$ 在 E 上勒贝格可积,如果对任何有界可测函数 $\varphi(x)$ 都有 $\int_{\mathbf{R}} f(x)\varphi(x)\mathrm{d}m = 0$,证明 $f(x) \xlongequal{\text{a.e.}} 0$.

✍ **练习 4.7** 设 $f(x)$、$g(x)$ 都是 E 上非负可积函数,且 $\forall a \in \mathbf{R}$,都有 $mE[f(x) \geqslant a] = mE[g(x) \geqslant a]$. 证明 $\int_E f(x)\mathrm{d}m = \int_E g(x)\mathrm{d}m$.

✍ **练习 4.8** 求 $(L)\int_{[0,2\pi]} f(x)\mathrm{d}x$,其中 $f(x) = \begin{cases} \sin x, & x \in \mathbf{Q} \\ \cos x, & x \in \mathbf{Q}^c. \end{cases}$

♙ 练习 4.9　设 $f(x)$ 是 E 上的勒贝格可积函数，且若 $\int_E |f(x)|\mathrm{d}m = 0$，则在 E 上 $f(x) \overset{\text{a.e.}}{=} 0$.

4.3　勒贝格积分的极限定理

本节将讨论函数列的勒贝格积分与极限运算顺序的交换条件. 在数学分析中曾证明函数列在集合 E 上一致收敛的条件下两者的运算顺序可以交换. 本节将说明运算顺序的交换实际上可以在一个更宽松的条件下进行.

4.3.1　单调可积函数列的极限和积分顺序交换关系

由定义 4.2 可知，非负可测函数的勒贝格积分可由非负递增的函数序列 $\varphi_k(x)$ 的勒贝格积分的极限来定义. 此时 $\int_E \varphi_k(x)\mathrm{d}m\ (k = 0, 1, \cdots)$ 是单调递增的非负数列. 从而下面要分析极限运算与积分运算交换的条件，也从非负递增函数序列开始. 我们先引入如下结论.

> **命题 4.7 (积分区域逼近)**
>
> 设 $\{E_k\}$ 是 $\mathbf{R}^n$ 中单调扩张的集合列，$f(x)$ 是定义在 $\mathbf{R}^n$ 上的非负简单函数，且 $E = \bigcup_{k=1}^{\infty} E_k$，则
>
> $$\int_E f(x)\mathrm{d}m = \lim_{k \to +\infty} \int_{E_k} f(x)\mathrm{d}m$$

证明　设 $f(x) = \sum_{i=1}^{p} c_i \chi_{A_i}$，其中，$A_i \subset \mathbf{R}^n$ 为两两互不相交的可测集，$c_i \in \mathbf{R}$. 则

$$\lim_{k \to \infty} \int_{E_k} f(x)\mathrm{d}m = \lim_{k \to \infty} \sum_{i=1}^{p} c_i \cdot m(E_k \cap A_i) = \sum_{i=1}^{p} c_i \cdot m(E \cap A_i) = \int_E f(x)\mathrm{d}m$$

注　当 $f(x)$ 是 E 上一般的勒贝格可积函数时，结合后文的勒维定理及积分绝对连续性，也可以证明此结论.

> **定理 4.1 [勒维 (Levi) 定理]**
>
> 设 $\{f_k(x)\}_{k \in \mathbf{N}}$ 是 E 上非负递增的可测函数列. 记 $f(x) = \lim_{k \to +\infty} f_k(x)$，则
>
> $$\int_E f(x)\mathrm{d}m = \lim_{k \to +\infty} \int_E f_k(x)\mathrm{d}m$$

证明　由条件可知：$0 \leqslant f_1(x) \leqslant f_2(x) \leqslant \cdots \leqslant f_k(x) \leqslant \cdots \leqslant f(x)$，$\lim_{k \to \infty} f_k(x) = f(x)$，则

$$\lim_{k \to \infty} \int_E f_k(x)\mathrm{d}m \leqslant \int_E f(x)\mathrm{d}m$$

另外, 记 $h(x)$ 是 $\mathbf{R}^n$ 上的任意满足 $h(x) \leqslant f(x)$ 的非负简单函数. 则

$$E = E[f(x) \geqslant h(x)]$$

令 $0 < c < 1$, 记 $E_k = E[f_k(x) \geqslant c \cdot h(x)]$, 则 E_k 是随着 k 增大的单调扩张集列, 且 $\lim\limits_{k \to \infty} E_k = \bigcup\limits_{k=1}^{\infty} E_k = E$. 由命题 4.7 可得

$$\lim_{k \to \infty} c \int_{E_k} h(x)\mathrm{d}m = c \int_E h(x)\mathrm{d}m$$

从而得:

$$c \int_{E_k} h(x)\mathrm{d}m \leqslant \int_{E_k} f_k(x)\mathrm{d}m \leqslant \int_E f_k(x)\mathrm{d}m$$

上式中令 $k \to \infty$, 可得 $c \int_E h(x)\mathrm{d}m \leqslant \lim\limits_{k \to \infty} \int_E f_k(x)\mathrm{d}m$. 再令 $c \to 1^-$, 得到

$$\int_E h(x)\mathrm{d}m \leqslant \lim_{k \to \infty} \int_E f_k(x)\mathrm{d}m \tag{4.5}$$

由于 $f(x)$ 在 E 上非负可测, 因此存在单调递增简单函数列 $\{\varphi_k(x)\}_{k \in \mathbf{N}}$, 满足

$$0 \leqslant \varphi_1(x) \leqslant \varphi_2(x) \leqslant \cdots \leqslant \varphi_k(x) \leqslant \cdots \leqslant f(x), \ \lim_{k \to \infty} \varphi_k(x) = f(x), \ \mathrm{a.e.}E.$$

则数列 $\{\int_E \varphi_k(x)\mathrm{d}m\}_{k \in \mathbf{N}}$ 单调递增, 且 $\int_E f(x)\mathrm{d}m$ 是其上确界. 事实上, $\forall \varepsilon > 0$, $\exists N_0$ 当 $k > N_0$ 时:

(1) 当 $mE < \infty$ 时: $\phi_k(x) \leqslant f(x) \leqslant \phi_k(x) + \frac{\varepsilon}{1+mE}$. 从而得:

$$\int_E \phi_k(x)\mathrm{d}m \leqslant \int_E f(x)\mathrm{d}m \leqslant \int_E \phi_k(x)\mathrm{d}m + \varepsilon$$

(2) 当 $mE = \infty$ 时, 记 $E_i = E \cap \{|x| \leqslant i, i \in \mathbf{N}\}$. 则由 (1) 可得:

$$\int_{E_i} \phi_k(x)\mathrm{d}m \leqslant \int_{E_i} f(x)\mathrm{d}m \leqslant \int_{E_i} \phi_k(x)\mathrm{d}m + \varepsilon$$

由命题 4.7 可得

$$\int_E \phi_k(x)\mathrm{d}m \leqslant \int_E f(x)\mathrm{d}m \leqslant \int_E \phi_k(x)\mathrm{d}m + \varepsilon$$

由 (4.5) 式及上确界的定义便得:

$$\int_E f(x)\mathrm{d}m \leqslant \lim_{k \to \infty} \int_E f_k(x)\mathrm{d}m$$

注 在勒维定理的条件中, 函数列的非负性及单调递增性在函数列满足一定条件下, 是可以去掉的.

例题 4.4 (勒维定理去掉非负性) 将勒维定理中的条件改成: $f_1(x) \leqslant f_2(x) \leqslant f_3(x) \leqslant \cdots \leqslant f_k(x) \leqslant \cdots$, 当存在 k_0 使得 $|\int_E f_{k_0}(x)\mathrm{d}m| < \infty$, 则结论仍然成立.

证明　令 $g_k(x) = f_k(x) - f_{k_0}(x) > 0, k = k_0, k_0 + 1, \cdots$，则 $g_k(x)$ 是非负单调递增函数列. 由勒维定理得：

$$\lim_{k \to \infty} \int_E g_k(x) \mathrm{d}m = \int_E \lim_{k \to \infty} g_k(x) \mathrm{d}m$$

即 $\lim_{k \to \infty} [\int_E f_k(x) - f_{k_0}(x) \mathrm{d}m] = \int_E \lim_{k \to \infty} [f_k(x) - f_{k_0}(x)] \mathrm{d}x$，从而有：

$$\lim_{k \to \infty} \int_E f_k(x) \mathrm{d}m - \int_E f_{k_0}(x) \mathrm{d}m = \int_E \lim_{k \to \infty} f_k(x) \mathrm{d}x - \int_E f_{k_0}(x) \mathrm{d}m$$

注　当条件 $|\int_E f_{k_0}(x) \mathrm{d}m| < \infty$ 不满足时，结论不一定成立. 反例参见汪林的《实分析中的反例》.

例题 4.5 (勒维定理中将单调增改为单调降)　当勒维定理中条件改成：$f_1(x) \geqslant f_2(x) \geqslant f_3(x) \geqslant \cdots \geqslant f_k(x) \geqslant \cdots$，或存在 k_0 使得 $|\int_E f_{k_0}(x) \mathrm{d}m| < \infty$，结论依然成立.

证明　构造 $g_k(x) = f_{k_0}(x) - f_k(x)$，则当 $k \geqslant k_0$ 时，

$$0 \leqslant g_k(x) = f_{k_0}(x) - f_k(x) \leqslant g_{k+1}(x) = f_{k_0}(x) - f_{k+1}(x) \leqslant \cdots$$

是非负单增的可测函数序列. 由勒维定理可得：

$$\lim_{k \to \infty} \int_E g_k(x) \mathrm{d}m = \int_E \lim_{k \to \infty} g_k(x) \mathrm{d}m$$

由

$$\lim_{k \to \infty} \int_E g_k(x) \mathrm{d}m = \lim_{k \to \infty} \left[\int_E f_{k_0}(x) \mathrm{d}m - \int_E f_k(x) \mathrm{d}m \right]$$
$$= \int_E f_{k_0}(x) \mathrm{d}m - \lim_{k \to \infty} \int_E f_k(x) \mathrm{d}m$$

及

$$\int_E \lim_{k \to \infty} g_k(x) \mathrm{d}m = \int_E (f_{k_0}(x) - \lim_{k \to \infty} f_k(x)) \mathrm{d}m$$
$$= \int_E f_{k_0}(x) \mathrm{d}m - \int_E \lim_{k \to \infty} f_k(x) \mathrm{d}m$$

则结论可得.

注　勒维定理中单调性是一个很关键的因素. 下例说明少了单调性条件，即使是一个逐点收敛的可测函数序列，也有可能积分与极限不可交换顺序（单调性是关键）.

例题 4.6 (无单调性条件时，勒维定理不一定成立)　记

$$f_k(x) = k \cdot \chi_{(0, \frac{1}{k})} = \begin{cases} k, & 0 < x < \dfrac{1}{k} \\ 0, & \dfrac{1}{k} \leqslant x < 1 \end{cases}$$

则

$$\int_{(0,1]} f_k(x)\mathrm{d}m = 1, \quad \lim_{k\to\infty} f_k(x) = 0$$

可得

$$1 = \lim_{k\to\infty} \int_{(0,1]} f_k(x)\mathrm{d}m \neq \int_{(0,1]} \lim_{k\to\infty} f_k(x)\mathrm{d}m = 0$$

根据勒维定理，下面给出勒贝格可积函数的一个重要性质．

定理 4.2 (积分绝对连续性)

设函数 $f(x)$ 是定义在可测集 $E(\subset \mathbf{R}^n)$ 上的勒贝格可积函数，则 $\forall \varepsilon > 0$，$\exists \delta > 0$，对于 E 的任意可测子集 E_0，当满足 $mE_0 < \delta$ 时，有 $\int_{E_0} |f(x)|\mathrm{d}m < \varepsilon$. ♡

证明

1. 当 $f(x)$ 在 E 上是 a.e. 有界时，即 $|f(x)| \leqslant M$ a.e.E，对 $\forall \varepsilon > 0$，当 $E_0 \subset E$ 使得 $mE_0 < \frac{\varepsilon}{M}$ 时，则由勒贝格积分的单调性，可得：

$$\int_{E_0} |f(x)|\mathrm{d}m < \int_{E_0} M\mathrm{d}m = M \cdot mE_0 < \varepsilon$$

2. $f(x)$ 不满足几乎处处有界的条件时．可构造非负单增简单函数序列：

$$\varphi_k(x) \to |f(x)| \quad \text{此时} \quad \varphi_k(x) \leqslant \varphi_{k+1}(x) \leqslant \cdots \leqslant |f(x)|$$

则有 $\lim_{k\to\infty} \int_E \varphi_k(x)\mathrm{d}m = \int_E |f(x)|\mathrm{d}m < \infty$. 因此对 $\forall \varepsilon > 0$，$\exists N$，当 $k > N$ 时有

$$\left| \int_E \varphi_k(x)\mathrm{d}m - \int_E |f(x)|\mathrm{d}m \right| < \frac{\varepsilon}{2} \quad \Rightarrow \quad \int_E |f(x)|\mathrm{d}m \leqslant \int_E \phi_k(x)\mathrm{d}m + \frac{\varepsilon}{2}$$

由于每一个 $\varphi_k(x)$ 都是有界函数，对于 k 固定时，$\exists \delta > 0$ 当 $\exists E_0 \subset E$ 且 $mE_0 < \delta$ 时，

$$\int_{E_0} |\varphi_k(x)|\mathrm{d}x = \int_{E_0} \varphi_k(x)\mathrm{d}x < \frac{\varepsilon}{2}$$

据 $\varphi_k(x) \nearrow |f(x)|$，则 $0 \leqslant \int_{E\setminus E_0} \varphi_k(x)\mathrm{d}x \leqslant \int_{E\setminus E_0} |f(x)|\mathrm{d}x$，且

$$\int_{E_0} |f(x)|\mathrm{d}m = \int_E |f(x)|\mathrm{d}m - \int_{E\setminus E_0} |f(x)|\mathrm{d}m$$

$$\leqslant \left[\int_E \varphi_k(x)\mathrm{d}m + \frac{\varepsilon}{2} \right] - \left[\int_{E\setminus E_0} |f(x)|\mathrm{d}m \right]$$

$$\leqslant \left[\int_E \varphi_k(x)\mathrm{d}m + \frac{\varepsilon}{2} \right] - \int_{E\setminus E_0} \varphi_k(x)\mathrm{d}m$$

$$= \int_{E_0} \varphi_k(x)\mathrm{d}x + \frac{\varepsilon}{2} < \varepsilon$$

4.3.2   一般可积函数列的极限和积分顺序交换关系

> **定理 4.3 [法图 (Fatou) 引理]**
>
> 设 $\{f_k(x)\}$ 是 E 上非负可测函数序列，则
>
> $$\int_E \varliminf_{k \to \infty} f_k(x)\mathrm{d}m \leqslant \varliminf_{k \to \infty} \int_E f_k(x)\mathrm{d}m$$

证明   构造 $g_k(x) = \inf\{f_k(x), f_{k+1}(x), \cdots\}$ $(x \in E)$，则非负可测函数列 $g_k(x) \leqslant f_k(x)$.
由勒维定理可得：

$$\int_E \varliminf_{k \to \infty} f_k(x)\mathrm{d}m = \int_E \lim_{k \to \infty} g_k(x)\mathrm{d}m = \lim_{k \to \infty} \int_E g_k(x)\mathrm{d}m$$

$$= \varliminf_{k \to \infty} \left[\int_E g_k(x)\mathrm{d}m \right] \leqslant \varliminf_{k \to \infty} \left[\int_E f_k(x)\mathrm{d}m \right] \text{（下极限的保序性）}$$

例题 4.7 (法图引理中的 $\leqslant$ 不一定能改成 $=$)

令 $f_k(x) = \begin{cases} k, & 0 < x < \dfrac{1}{k} \\ 0, & x \geqslant \dfrac{1}{k} \end{cases}$，则 $x \in \mathbf{R}^+$，$\lim\limits_{k \to \infty} f_k(x) = 0$，从而可得 $\int_{(0,\infty)} \varliminf\limits_{k \to \infty} f_k(x)\mathrm{d}m = 0$. 而

$$\varliminf_{k \to \infty} \left[\int_{(0,\infty)} f_k(x)\mathrm{d}m \right] = \varliminf_{k \to \infty} \left[\int_{(0,\frac{1}{k})} f_k(x)\mathrm{d}m + \int_{(\frac{1}{k},\infty)} f_k(x)\mathrm{d}m \right] = 1$$

例题 4.8 (法图引理中的非负条件不能放宽为"可变号")

令 $f_k(x) = \begin{cases} 1, & \dfrac{1}{k+1} < x < 1 \\ -k, & 0 < x \leqslant \dfrac{1}{k+1} \end{cases}$ $x \in (0,1)$

则 $\lim\limits_{k \to \infty} f_k(x) = 1$，从而可得 $\int_{(0,1)} \varliminf\limits_{k \to \infty} f_k(x)\mathrm{d}m = 1$. 而

$$\varliminf_{k \to \infty} \left[\int_{(0,1)} f_k(x)\mathrm{d}m \right] = \varliminf_{k \to \infty} \left[\int_{(0,\frac{1}{k+1})} f_k(x)\mathrm{d}m + \int_{(\frac{1}{k+1},1)} f_k(x)\mathrm{d}m \right]$$

$$= \varliminf_{k \to \infty} \left(\frac{-k}{k+1} + \frac{k}{k+1} \right) = 0$$

在"数学分析"课程中学习过：当可积函数列满足一致收敛条件时，其对应的函数列的黎曼积分和极限运算顺序可以交换. 由叶果洛夫定理可知，当 $mE < \infty$ 时，若 $f_k(x) \xrightarrow{\text{a.e.}} f(x)$，则对 $\forall \delta > 0$，$\exists E_\delta \subset E$，使 $mE_\delta < \delta$ 且在 $E \backslash E_\delta$ 上 $f_k(x) \rightrightarrows f(x)$. 这意味着：当 $mE < \infty$ 时，在 E 上 a.e. 收敛的勒贝格可积函数列 $f_k(x)$ 有：

$$\lim_{k\to\infty}\int_E f_k(x)\mathrm{d}m = \lim_{k\to\infty}\left[\int_{E_\delta} f_k(x)\mathrm{d}x + \int_{E\setminus E_\delta} f_k(x)\mathrm{d}m\right]$$

$$= \int_{E\setminus E_\delta}\lim_{k\to\infty} f_k(x)\mathrm{d}m + \lim_{k\to\infty}\int_{E_\delta} f_k(x)\mathrm{d}m$$

这里用到: 在 $E\setminus E_\delta$ 上 $f_k(x) \rightrightarrows f(x)$ 时, $(L)\lim_{k\to\infty}\int_{E\setminus E_\delta} f_k(x)\mathrm{d}m = \int_{E\setminus E_\delta}\lim_{k\to\infty} f_k(x)\mathrm{d}m$ （由定义方法可证明, 此处略）.

从而讨论上述的函数列极限运算和积分运算交换的问题便转化成了

$$\lim_{k\to\infty}\int_{E_\delta} f_k(x)\mathrm{d}m \quad \text{什么条件下等于} \quad \int_{E_\delta}\lim_{k\to\infty} f_k(x)\mathrm{d}m$$

结合积分绝对连续性, 下面的勒贝格控制收敛定理给出了相应的条件.

> **定理 4.4 (勒贝格控制收敛定理)**
>
> 设 $\{f_k(x)\}$ 在 $E(\subset \mathbf{R}^n)$ 上 a.e. 收敛于 $f(x)$, 若存在 $F(x)\geqslant 0(\mathrm{a.e.}E)$, 使得 $|f_k(x)|\leqslant F(x),(\mathrm{a.e.}E)$. 若 $F(x)$ 在 E 上勒贝格可积, 则
>
> $$\lim_{k\to\infty}\int_E f_k(x)\mathrm{d}m = \int_E\lim_{k\to\infty} f_k(x)\mathrm{d}m$$
>
> ♡

证明 由 $|f_k(x)|\leqslant F(x)$ 可得: $|f(x)|\leqslant F(x)$. 而且由于 $|f_k(x)-f(x)|\leqslant |f_k(x)| + |f(x)|\leqslant 2F(x)$, 令

$$g_k(x) = 2F(x) - |f_k(x)-f(x)|, \quad \text{则可测函数列 } g_k(x)\geqslant 0$$

因此由法图引理可得:

$$\int_E\varliminf_{k\to\infty} g_k(x)\mathrm{d}m \leqslant \varliminf_{k\to\infty}\int_E g_k(x)\mathrm{d}m$$

代入 $g_k(x)$ 的表达式, 可得:

$$\int_E\varliminf_{k\to\infty} g_k(x)\mathrm{d}m = \int_E\varliminf_{k\to\infty}\left[2F(x) - |f_k(x)-f(x)|\right]\mathrm{d}m$$

$$= \int_E 2F(x) - \varlimsup_{k\to\infty}|f_k(x)-f(x)|\mathrm{d}m = \int_E 2F(x)\mathrm{d}m$$

另外

$$\varliminf_{k\to\infty}\int_E g_k(x)\mathrm{d}m = \varliminf_{k\to\infty}\int_E\left[2F(x) - |f_k(x)-f(x)|\right]\mathrm{d}m$$

$$= \varliminf_{k\to\infty}\left[\int_E 2F(x)\mathrm{d}m - \int_E |f_k(x)-f(x)|\mathrm{d}m\right]$$

$$= \int_E 2F(x)\mathrm{d}m - \varlimsup_{k\to\infty}\left[\int_E |f_k(x)-f(x)|\mathrm{d}m\right]$$

从而结合上、下极限的性质，则有

$$0 \leqslant \varliminf_{k \to \infty} \int_E |f_k(x) - f(x)| \mathrm{d}m \leqslant \varlimsup_{k \to \infty} \int_E |f_k(x) - f(x)| \mathrm{d}m \leqslant 0$$

因此得：$\lim\limits_{k \to \infty} \int_E |f_k(x) - f(x)| \mathrm{d}m = 0$. 从而由迫敛性可得：

$$0 = \lim_{k \to \infty} \left[\int_E f_k(x)\mathrm{d}m - \int_E f(x)\mathrm{d}m \right] = \lim_{k \to \infty} \int_E f_k(x)\mathrm{d}m - \int_E f(x)\mathrm{d}m$$

推论 4.2 (有界收敛定理)

若 $mE < +\infty$，且 $\{f_k(x)\}_{k \in \mathbf{N}}$ 是 E 上 a.e. 收敛的可测函数列. 若存在常数 $M > 0$，使 $|f_k(x)| \leqslant M$，则

$$\lim_{k \to \infty} \int_E f_k(x)\mathrm{d}m = \int_E \lim_{k \to \infty} f_k(x)\mathrm{d}m$$

证明 注意到 $mE < \infty$，则取控制函数为 M 即可.

定理 4.5 (勒贝格控制收敛定理的另一种形式)

设 $\{f_k(x)\}$ 是 E 上的可测函数列，且 $|f_k(x)| \leqslant F(x)$, a.e.E. 如果 $F(x)$ 在 E 上勒贝格可积，并且 $f_k(x) \overset{E}{\Rightarrow} f(x)$，则 $f(x)$ 在 E 上勒贝格可积，且

$$(L) \int_E f(x)\mathrm{d}m = \lim_{k \to \infty} \int_E f_k(x)\mathrm{d}m$$

证明 注意到 E 上 $f_k(x) \Rightarrow f(x)$，则由里斯定理，存在子列满足 $f_{k_i}(x) \xrightarrow{\text{a.e.}E} f(x)$.

由于 $|f_k(x)| \leqslant F(x)$ 则 $|f_{k_i}(x)| \leqslant F(x)$ a.e.E，从而得 $|f(x)| \leqslant F(x)$. 由于 $F(x)$ 在 E 上勒贝格可积，即说明 $|f_k(x)|$ 与 $|f(x)|$ 在 E 上均勒贝格可积.

1. 当 $mE < +\infty$ 时，由已知 $f_k(x) \Rightarrow f(x)$，对 $\forall \delta > 0$：

$$\lim_{k \to \infty} mE[|f_k(x) - f(x)| \geqslant \delta] = 0$$

对 $\forall \varepsilon > 0$，记 $E_k = E\left[|f_k(x) - f(x)| \geqslant \frac{\varepsilon}{2mE+1}\right]$. 由积分绝对连续性得：

$$\exists \delta_0, \text{ 当 } mE_k < \delta_0 \text{ 时}, \int_{E_k} F(x)\mathrm{d}x < \frac{\varepsilon}{4} \tag{4.6}$$

注意到 E 上 $f_k(x) \Rightarrow f(x)$，从而对于 (4.6) 式中的 δ_0 有：

$$\exists N_1(\delta_0), \text{ 当 } k > N_1 \text{ 时}, mE_k < \delta_0 \tag{4.7}$$

则由 (4.6) 式和 (4.7) 式可得，当 $k > N_1$ 时，

$$\left| \int_E f_k(x) \mathrm{d}m - \int_E f(x) \mathrm{d}m \right| \leqslant \left| \int_{E_k} f_k(x) - f(x) \mathrm{d}m \right| + \int_{E \setminus E_k} |f_k(x) - f(x)| \mathrm{d}m$$

$$\leqslant \int_{E_k} |f_k(x) - f(x)| \mathrm{d}m + \frac{\varepsilon}{2mE + 1} m(E \setminus E_k)$$

$$\leqslant \int_{E_k} |f_k(x)| + |f(x)| \mathrm{d}m + \frac{\varepsilon}{2}$$

$$\leqslant 2 \int_{E_k} F(x) \mathrm{d}m + \frac{\varepsilon}{2} \leqslant \varepsilon \tag{4.8}$$

2. 若 $mE = +\infty$，取 $K \in \mathbf{R}^+$ 充分大，记 $E_K = E \cap \{x \mid |x| < K\}$，由定义得：

$$\int_E F(x) \mathrm{d}m = \lim_{K \to \infty} \int_{E_K} F(x) \mathrm{d}m$$

即 $\forall \varepsilon > 0$，当 K 足够大时

$$\left| \int_{E \setminus E_K} F(x) \mathrm{d}m \right| = \left| \int_E F(x) \mathrm{d}m - \int_{E_K} F(x) \mathrm{d}m \right| < \frac{\varepsilon}{4} \tag{4.9}$$

进而：

$$\left| \int_E f_k(x) \mathrm{d}m - \int_E f(x) \mathrm{d}m \right| \leqslant \left| \int_{E_K} f_k(x) - f(x) \mathrm{d}m \right| + \left| \int_{E \setminus E_K} f_k(x) - f(x) \mathrm{d}m \right|$$

$$\leqslant \left| \int_{E_K} f_k(x) - f(x) \mathrm{d}m \right| + 2 \left| \int_{E \setminus E_K} F(x) \mathrm{d}m \right|$$

其中 $\left| \int_{E_K} f_k(x) - f(x) \mathrm{d}m \right|$ 是有限测度集 E_K 上的勒贝格积分，则由上可得：

$$\exists N_2，当 \ k > N_2 \ 时，\left| \int_{E_K} f_k(x) - f(x) \mathrm{d}m \right| < \frac{\varepsilon}{2} \tag{4.10}$$

从而由 (4.9) 式和 (4.10) 式可得，当 $k > K$ 时，

$$\left| \int_E f_k(x) \mathrm{d}m - \int_E f(x) \mathrm{d}m \right| < \varepsilon$$

注 由前面的证明过程可知，之所以要一个控制函数，是想要在一个充分小测度的集合上，函数列的积分被一个一致的小量控制住. 下面的积分等度绝对连续性的提出就是要对这种"一致"的控制的另一种方法.

定义 4.4 (积分等度连续)

记 $\mathfrak{F} = \{f_k(x)\}$ 是定义在 E 上的勒贝格可积函数集. 若 $\forall \varepsilon > 0$，$\exists \delta(\varepsilon) > 0$，当 $E_\delta \subset E$ 且 $mE_\delta < \delta$ 时，对 $\forall f_k(x) \in \mathfrak{F}$，都有 $\int_{E_\delta} |f_k(x)| \, \mathrm{d}m < \varepsilon$，则称 $\mathfrak{F}$ 是 E 上的"积分等度连续簇".

> **定理 4.6 (Vitali 控制收敛定理)**
>
> 若 $mE < +\infty$，$\{f_k(x)\}_{k\in\mathbf{N}}$ 是定义在 E 上的勒贝格可积函数列，且满足积分等度连续性. 若 $f_k(x) \overset{E}{\Rightarrow} f(x)$，则
>
> $$\lim_{k\to\infty} \int_E f_k(x)\mathrm{d}m = \int_E f(x)\mathrm{d}m$$

证明　证明细节可参考曹广福编的《实变函数论与泛函分析》.

习题 3

❧ **练习 4.10**　结合例题 4.8，说明若法图引理中的非负条件放宽为"可变号"，需要补充什么样的条件，可保证结论依然成立.

❧ **练习 4.11**　设 $\{f_k(x)\}_{k\in\mathbf{N}}$ 是 E 上非负勒贝格可积函数序列，证明：

$$\varlimsup_{k\to\infty} \int_E f_k(x)\mathrm{d}m \leqslant \int_E \varlimsup_{k\to\infty} f_k(x)\mathrm{d}m$$

❧ **练习 4.12**　设 $mE < +\infty$，$\{f_k\}$ 是 E 上几乎处处有限的可测函数列. 证明：$f_k \Rightarrow 0$ 的充要条件是 $\int_E \frac{|f_k(x)|}{1+|f_k(x)|}\mathrm{d}m \to 0$.

❧ **练习 4.13**　设 $f(x)$ 是定义在 $[a,b]$ 上的勒贝格可积函数，证明 $\forall \varepsilon > 0$ 时：
  (1) 存在简单函数 $\phi(x)$，使得 $\int_a^b |f(x) - \phi(x)|\mathrm{d}m < \varepsilon$；
  (2) 存在有界可测函数 $g(x)$，使得 $\int_a^b |f(x) - g(x)|\mathrm{d}m < \varepsilon$；
  (3) 存在多项式函数 $P(x)$，使得 $\int_a^b |f(x) - P(x)|\mathrm{d}m < \varepsilon$.

❧ **练习 4.14**　设 $f(x)$ 是定义在 $[a,b]$ 上的勒贝格可积函数：
  (1) 对任意非负整数 k 有 $\int_a^b x^k f(x)\mathrm{d}m = 0$，证明 $f(x) \overset{\text{a.e.}}{=\!=\!=} 0$；
  (2) 对任意紧支集的连续函数 $g(x)$，有 $\int_{\mathbf{R}} f(x)g(x)\mathrm{d}m = 0$，证明 $f(x) \overset{\text{a.e.}}{=\!=\!=} 0$；
  (3) 对任何有界可测函数 $\varphi(x)$ 都有 $\int_{\mathbf{R}} f(x)\varphi(x)\mathrm{d}m = 0$，证明 $f(x) \overset{\text{a.e.}}{=\!=\!=} 0$.

❧ **练习 4.15**　设 $f(x)$ 是定义在 $[a,b]$ 上的勒贝格可积函数，$k \to \infty$ 时，证明：
  (1) $\int_a^b f(x)\cos kx\mathrm{d}m \to 0$，$\int_a^b f(x)\sin kx\mathrm{d}m \to 0$；
  (2) $\int_a^b f(x)|\cos kx|\mathrm{d}m \to \frac{2}{\pi}\int_a^b f(x)\mathrm{d}m$.

❧ **练习 4.16**　求极限 $\lim\limits_{k\to\infty} \int_0^1 \frac{kx}{1+k^2x^2}\sin^5 kx\mathrm{d}x$.

❧ **练习 4.17**　设 $f(x)$ 是 $\mathbf{R}$ 上的勒贝格可积函数，证明 $\hat{f}(t) = \int_{\mathbf{R}} \mathrm{e}^{-ixt}f(x)\mathrm{d}x$ 是 $\mathbf{R}$ 上的连续函数，且 $\hat{f}(t) = \frac{\mathrm{d}}{\mathrm{d}t}\int_{\mathbf{R}} \frac{\mathrm{e}^{-ixt}-1}{ix}f(x)\mathrm{d}x$.

4.4　黎曼积分与勒贝格积分的关系及其性质的进一步分析

本节是为了进一步说明勒贝格 (L) 积分和黎曼 (R) 积分的关系. 方便起见本节只讨论 $\mathbf{R}^1$ 中的情况.

首先设 $f(x)$ 在区间 $[a,b]$ 上有界，则可设 $c \leqslant f(x) \leqslant M$. 不妨设 $f(x)$ 在 $[a,b]$ 上非负，否则令 $F(x) = f(x) - c \geqslant 0$，接下来分析 $F(x)$ 即可.

令 λ 是对区间 $[a,b]$ 做的任意分割，并记

$$
\begin{cases}
\lambda : a = x_0 < x_1 < \cdots < x_{k(\lambda)} = b, & \delta(\lambda) = \max_{0 \leqslant i \leqslant k(\lambda)} \{x_i - x_{i-1}\} \\
M_i = \sup_{x \in [x_{i-1}, x_i]} f(x), \quad c_i = \inf_{x \in [x_{i-1}, x_i]} f(x), & 及 \ \omega_i = M_i - c_i
\end{cases}
$$

则相应地，$f(x)$ 在对应分割下的达布上、下和为：

$$
\overline{S}(\lambda) = \sum_{i=1}^{k(\lambda)} M_i(x_i - x_{i-1}), \quad \underline{S}(\lambda) = \sum_{i=1}^{k(\lambda)} c_i(x_i - x_{i-1})
$$

记

$$
g_{k(\lambda)}(x) = \sum_{i=1}^{k(\lambda)} M_i \chi_{[x_{i-1}, x_i]}, \quad h_{k(\lambda)}(x) = \sum_{i=1}^{k(\lambda)} c_i \chi_{[x_{i-1}, x_i]}, \quad \omega_{k(\lambda)}(x) = \sum_{i=1}^{k(\lambda)} \omega_i \chi_{[x_{i-1}, x_i]}
$$

则 $\{g_{k(\lambda)}(x)\}$, $\{h_{k(\lambda)}(x)\}$ 与 $\{\omega_{k(\lambda)}(x)\}$ 均是 E 上的非负有界简单函数序列，从而均可以定义勒贝格积分.

$$
\begin{cases}
(L) \displaystyle\int_{[a,b]} g_{k(\lambda)}(x)\mathrm{d}m = \overline{S}(\lambda) = \sum_{i=1}^{k(\lambda)} M_i \cdot m\,[x_{i-1}, x_i] \\[2mm]
(L) \displaystyle\int_{[a,b]} h_{k(\lambda)}(x)\mathrm{d}m = \underline{S}(\lambda) = \sum_{i=1}^{k(\lambda)} m_i \cdot m\,[x_{i-1}, x_i] \\[2mm]
(L) \displaystyle\int_{[a,b]} \omega_{k(\lambda)}(x)\mathrm{d}m = \sum_{i=1}^{k(\lambda)} \omega_i \cdot mE\,[x_{i-1}, x_i]
\end{cases}
\tag{4.11}
$$

显然，当 $\delta(\lambda) \to 0$，相应的函数列满足

$$
\begin{cases}
g_1(x) \geqslant g_2(x) \geqslant \cdots \geqslant f(x) \\
h_1(x) \leqslant h_2(x) \leqslant \cdots \leqslant f(x)
\end{cases}
\text{且 } \omega_1(x) \geqslant \omega_2(x) \geqslant \cdots \geqslant 0
$$

记

$$
\overline{f}(x) = \lim_{\delta(\lambda) \to 0} g_{k(\lambda)}(x), \ \underline{f}(x) = \lim_{\delta(\lambda) \to 0} h_{k(\lambda)}(x), \ 及
$$
$$
\omega(x) = \lim_{\delta(\lambda) \to 0} \omega_{k(\lambda)}(x)
\tag{4.12}
$$

则可得 $f(x)$ 在 x_0 点连续的充要条件是 $\omega(x_0)=0$ 及

$$\overline{f}(x) \geqslant f(x) \geqslant \underline{f}(x) \tag{4.13}$$

> **定理 4.7**
>
> 若 $f(x)$ 在 $[a,b]$ 上是正常的黎曼可积函数，则其在 $[a,b]$ 上勒贝格可积. 且
>
> $$(L)\int_{[a,b]} f(x)\mathrm{d}m = (R)\int_{[a,b]} f(x)\mathrm{d}x$$

证明 由于 $f(x)$ 在 $[a,b]$ 上黎曼可积，由 (4.11) 式可得

$$\lim_{\delta(\lambda)\to 0}(L)\int_{[a,b]} h_{k(\lambda)}(x)\mathrm{d}m = \lim_{\delta(\lambda)\to 0}(L)\int_{[a,b]} g_{k(\lambda)}(x)\mathrm{d}m = (R)\int_a^b f(x)\mathrm{d}x$$

由勒维定理得

$$(L)\int_{[a,b]} \underline{f}(x)\mathrm{d}m = (L)\int_{[a,b]} \overline{f}(x)\mathrm{d}m = (R)\int_a^b f(x)\mathrm{d}x$$

即

$$(L)\int_{[a,b]} (\overline{f}(x) - \underline{f}(x))\mathrm{d}m = 0$$

从而结合 (4.13) 式可得：在 E 上 $\overline{f}(x) = \underline{f}(x) = f(x)$, a.e.$E$. 即

$$(L)\int_{[a,b]} \underline{f}(x)\mathrm{d}m = (L)\int_{[a,b]} \overline{f}(x)\mathrm{d}m = (L)\int_{[a,b]} f(x)\mathrm{d}m = (R)\int_a^b f(x)\mathrm{d}x \tag{4.14}$$

注 基于这个结论，后面在不引起误解的地方我们会混用这些记号 $\int_E f(x)\mathrm{d}m = \int_E f(x)\mathrm{d}x$.

> **定理 4.8**
>
> $f(x)$ 在 $[a,b]$ 上黎曼可积的充要条件是：$f(x)$ 相对于闭区间 $[a,b]$ 上不连续点所组成的集合是零测集.

证明 先证明必要性. 若 $f(x)$ 在 $[a,b]$ 上黎曼可积，则

$$(R)\int_{[a,b]} \overline{f}(x) - \underline{f}(x)\mathrm{d}m = 0 = (R)\lim_{\delta(\lambda)\to 0}\int_{[a,b]} \omega_{k(\lambda)}(x)\mathrm{d}m$$

即 $\omega(x)=0$, a.e.$[a,b]$. 也即说明 $f(x)$ 在 $[a,b]$ 上几乎处处连续.

下面证明充分性. 若 $f(x)$ 在 $[a,b]$ 上不连续点集是零测集时，则可得 $\omega(x)=0$, a.e.$[a,b]$. 从而得

$$(L)\int_{[a,b]} \overline{f}(x)\mathrm{d}m - (L)\int_{[a,b]} \underline{f}(x)\mathrm{d}m = (L)\int_{[a,b]} \omega(x)\mathrm{d}m = 0 \tag{4.15}$$

注意到 (4.12) 式及勒维定理, 由 (4.15) 式可得

$$\lim_{\delta(\lambda)\to 0} (L)\int_{[a,b]} \omega_{k(\lambda)}(x)\mathrm{d}m = 0$$

则由判断黎曼可积性的达布定理, 得 $f(x)$ 在 $[a,b]$ 上黎曼可积.

> **定理 4.9**
>
> 　　当 $f(x)$ 在集合 **R** 上的反常黎曼积分绝对收敛时, $f(x)$ 在 **R** 上勒贝格可积. ♡

证明　由 $f(x)$ 在 **R** 上无界时, 则构造

$$f_k(x) = \begin{cases} f(x), & |x| \leqslant k \\ 0, & |x| > k \end{cases} \quad (k \in \mathbf{N}^+)$$

则 $|f_k(x)|$ 单调递增, 且 $\lim\limits_{k\to\infty} f_k(x) = f(x)$. 从而由控制收敛定理得:

$$\begin{aligned}
(R)\int_{\mathbf{R}} |f(x)|\mathrm{d}m &= \lim_{k\to\infty} (R)\int_{[-k,k]} |f(x)|\mathrm{d}m = \lim_{k\to\infty} (L)\int_{[-k,k]} |f(x)|\mathrm{d}m \\
&= \lim_{k\to\infty} (L)\int_{\mathbf{R}} |f_k(x)|\mathrm{d}m = (L)\int_{\mathbf{R}} |f(x)|\mathrm{d}m
\end{aligned} \tag{4.16}$$

例题 4.9 (反常黎曼积分条件收敛时, 不是勒贝格可积. 反例)　函数 $\frac{\sin x}{x}$ 对应的反常积分 $(R)\int_0^\infty \frac{\sin x}{x}\mathrm{d}x$ 收敛, 但是 $(R)\int_0^\infty |\frac{\sin x}{x}|\mathrm{d}x$ 发散. 当黎曼积分 "条件收敛" 时, 也可以推出其勒贝格可积, 那么由于函数 $\frac{\sin x}{x}$ 在 $[0,+\infty)$ 上是勒贝格可积的, 从而 $|\frac{\sin x}{x}|$ 也在 $[0,+\infty)$ 上是勒贝格可积的. 这便与命题 4.3 的结论矛盾.

注　从上面的分析可知, 正常情况 (对有限测度集 E 上定义的几乎处处有界的可测函数而言) 下勒贝格积分确实推广了黎曼积分. 但是对于无限测度集或在不满足几乎处处有界的情况下 (相应于黎曼积分的反常积分情形), 黎曼可积并不意味着勒贝格可积, 需要反常积分绝对收敛才能达到这个目的. 从这个角度来讲, 勒贝格积分还是有一些缺陷. 但是即便如此, 勒贝格积分的引入还是为计算带来极大的方便.

4.4.1　勒贝格积分运算性质的进一步分析

　　上一节中, 函数列极限与勒贝格积分运算的顺序交换条件相对于黎曼积分的框架来讲要弱很多. 基于这类较弱的运算交换条件, 可得一些较好的运算性质.

> **命题 4.8 (逐项积分定理)**
>
> 　　设 $\{f_k(x)\}$ 是 $E(\subset \mathbf{R}^n)$ 上的非负可测函数列, 令 $f(x) = \sum\limits_{k=1}^{\infty} f_k(x)(x \in E)$, 则
>
> $$\int_E \sum_{k=1}^{\infty} f_k(x)\mathrm{d}m = \sum_{k=1}^{\infty} \int_E f_k(x)\mathrm{d}m$$
> ♠

证明　令 $S_k(x) = \sum\limits_{i=1}^{k} f_i(x)$，由 $f_k(x)$ 非负，得 $S_k(x)$ 是非负单调递增函数列. 由勒维定理得

$$\lim_{k\to\infty} \int_E S_k(x)\mathrm{d}m = \int_E \lim_{k\to\infty} S_k(x)\mathrm{d}m = \int_E \left(\sum_{k=1}^{\infty} f_k(x)\right)\mathrm{d}m$$

即

$$\int_E \left(\sum_{k=1}^{\infty} f_k(x)\right)\mathrm{d}m = \lim_{k\to\infty} \int_E S_k(x)\mathrm{d}m = \lim_{k\to\infty} \int_E \sum_{i=1}^{k} f_i(x)\mathrm{d}m$$

$$= \lim_{k\to\infty} \sum_{i=1}^{k} \int_E f_i(x)\mathrm{d}m = \sum_{i=1}^{\infty} \int_E f_i(x)\mathrm{d}m$$

命题 4.9 (σ-可加性)

　　设 $f(x)$ 是定义在可测集 E 上的勒贝格可积函数，$E = \bigcup\limits_{i=1}^{\infty} E_i$ 且 E_i 是两两互不相交的可测集. 则

$$\int_E f(x)\mathrm{d}m = \sum_{i=1}^{\infty} \int_{E_i} f(x)\mathrm{d}m$$

♠

证明　σ-可加性又称为可数可加性.

　　构造 $f_k(x) \triangleq f(x) \cdot \chi_{E_1 \cup E_2 \cup \cdots \cup E_k}$. 则得 $f_k(x) \xrightarrow{\text{p.w.} E} f(x)$ 且 $|f_k(x)| \leqslant |f(x)|$. 由已知 $|f(x)|$ 在 E 上勒贝格可积，则由控制收敛定理得：

$$\int_E \lim_{k\to\infty} f_k(x)\mathrm{d}m = \lim_{k\to\infty} \int_E f(x) \cdot \chi_{E_1 \cup E_2 \cup \cdots \cup E_k}(x)\mathrm{d}m = \lim_{k\to\infty} \int_{E_1 \cup E_2 \cup \cdots \cup E_k} f(x)\mathrm{d}m$$

$$= \lim_{k\to\infty} \sum_{i=1}^{k} \int_{E_i} f(x)\mathrm{d}m\,(\text{区间有限可加性}) = \sum_{i=1}^{\infty} \int_{E_i} f(x)\mathrm{d}m$$

例题 4.10 (含参量积分求导数与积分运算顺序交换)　设对给定的 $t \in [\alpha, \beta], f(x, t)$ 是 $[a, b]$ 上关于 x 的黎曼可积函数. 若 $f(x, t)$ 关于 t 可导，且 $|\frac{\partial}{\partial t} f(x, t)| \leqslant C$(常数)，则

$$\frac{\mathrm{d}}{\mathrm{d}t}\left((R)\int_a^b f(x, t)\mathrm{d}x\right) = (R)\int_a^b \frac{\partial}{\partial t} f(x, t)\mathrm{d}x$$

证明　延拓 $f(x, t)$ 如下：

$$\tilde{f}(x, t) = \begin{cases} f(x, t), & t \in [\alpha, \beta] \\ f(x, \alpha), & t < \alpha \\ f(x, \beta), & t > \beta \end{cases}$$

构造：$P_h(x, t) = \frac{1}{h}[\tilde{f}(x, t+h) - \tilde{f}(x, t)]$，得 $\lim\limits_{h\to 0} P_h(x, t) = \partial_t f(x, t), x \in [a, b], t \in [\alpha, \beta]$.

由已知 $|\partial_t f(x,t)| \leqslant C$，则存在 $\delta_0 > 0$；当 $|h| < \delta_0$ 时，$|P_h(x,t)| \leqslant C$.

由定理 4.7 及控制收敛定理得：

$$
\begin{aligned}
(R) \int_a^b \frac{\partial}{\partial t} f(x,t) \mathrm{d}m &= (R) \int_a^b \lim_{h \to 0} P_h(x,t) \mathrm{d}x = (L) \lim_{h \to 0} \int_{[a,b]} P_h(x,t) \mathrm{d}x \\
&= \lim_{h \to 0} \frac{1}{h} \cdot (L) \left(\int_{[a,b]} \tilde{f}(x,t+h) \mathrm{d}m - \int_{[a,b]} \tilde{f}(x,t) \mathrm{d}m \right) \\
&= \lim_{h \to 0} \frac{(R) \left(\int_a^b \tilde{f}(x,t+h) \mathrm{d}x \right) - (R) \left(\int_a^b \tilde{f}(x,t) \mathrm{d}x \right)}{h} \\
&= \frac{\mathrm{d}}{\mathrm{d}t} \left[(R) \int_a^b f(x,t) \mathrm{d}x \right]
\end{aligned}
$$

例题 4.11 (极限和积分运算顺序交换的应用) 证明 $\lim_{k \to \infty} \left[(R) \int_0^1 \frac{\ln(k+x)}{k} \mathrm{e}^{-x} \cos x \mathrm{d}x \right] = 0$.

证明 由定理 4.7 及控制收敛定理可得：

$$
\begin{aligned}
\lim_{k \to \infty} \left[(R) \int_0^1 \frac{\ln(k+x)}{k} \mathrm{e}^{-x} \cos x \mathrm{d}x \right] &= \lim_{k \to \infty} \left[(L) \int_{[0,1]} \frac{\ln(k+x)}{k} \mathrm{e}^{-x} \cos x \mathrm{d}m \right] \\
&= (L) \int_{[0,1]} \lim_{k \to \infty} \frac{\ln(k+x)}{k} \mathrm{e}^{-x} \cos x \mathrm{d}m \\
&= (L) \int_{[0,1]} 0 \mathrm{d}m = 0
\end{aligned}
$$

> **命题 4.10** (勒贝格积分的连续函数积分逼近)
>
> 设 $f(x)$ 在 $E(\subset \mathbf{R}^n)$ 上勒贝格可积，则 $\forall \varepsilon > 0$，存在定义在 $\mathbf{R}^n$ 上的连续函数 $g(x)$，使得 $(L) \int_E |f(x) - g(x)| \mathrm{d}x < \varepsilon$. ♠

证明 对 $\forall \varepsilon > 0$，因为 $f(x)$ 在 E 上勒贝格可积，则存在简单函数 $\varphi(x)$，使 $\int_E |f(x) - \varphi(x)| \mathrm{d}x < \frac{\varepsilon}{2}$，且存在常数 M，使得 $|\varphi(x)| \leqslant M$，a.e.E.

由鲁津定理及命题 3.4 得：$\exists E_0 \subset E$ 使 $m E_0 < \frac{\varepsilon}{4M}$，且

$$
\begin{cases}
\phi(x) = g(x) (\text{连续函数}), & E \backslash E_0 \\
|g(x)| \leqslant M, & \mathbf{R}^n
\end{cases}
$$

从而可得：

$$
\begin{aligned}
\int_E |f(x) - g(x)| \mathrm{d}x &\leqslant \int_E |f(x) - \varphi(x)| \mathrm{d}x + \int_E |\varphi(x) - g(x)| \mathrm{d}x \\
&< \frac{\varepsilon}{2} + \int_{E_0} |\varphi(x) + g(x)| \mathrm{d}x < \frac{\varepsilon}{2} + m E_0 \cdot 2M = \varepsilon
\end{aligned}
$$

命题 4.11 (勒贝格积分的平均连续性)

设 $f(x)$ 在 $\mathbf{R}$ 上勒贝格可积, 则有 $\lim\limits_{h\to 0}\int_{\mathbf{R}}|f(x+h)-f(x)|\mathrm{d}x=0$.

♠

证明 根据命题 4.10, 对 $\forall \varepsilon > 0$, 存在 $g(x)$ 连续且有紧支集, 此时不妨记 $\mathrm{supp}(g(x))\subset [-N_0, N_0]$, 使得

$$\int_{\mathbf{R}}|f(x)-g(x)|\mathrm{d}x < \frac{\varepsilon}{3}$$

从而取 $|h|<1$, 可得

$$\int_{\mathbf{R}}|f(x+h)-f(x)|\mathrm{d}x$$

$$\leqslant \int_{\mathbf{R}}|f(x+h)-g(x+h)|\mathrm{d}x + \int_{\mathbf{R}}|g(x+h)-g(x)|\mathrm{d}x + \int_{\mathbf{R}}|g(x)-f(x)|\mathrm{d}x$$

$$< \frac{2}{3}\varepsilon + \int_{[-N_0-1, N_0+1]}|g(x+h)-g(x)|\mathrm{d}x$$

因为 $g(x)$ 在 $[-N_0, N_0]$ 上连续, 当 $|h|<1$ 时, 可将 $|g(x+h)-g(x)|$ 连续延拓到 $[-N_0-1, N_0+1]$, 从而在 $[-N_0-1, N_0+1]$ 上一致连续. 即对 $\forall \varepsilon > 0, \exists \delta > 0$, 当 $|h|<\delta$ 时,

$$|g(x)-g(x+h)| < \frac{\varepsilon}{6(N_0+1)}$$

综合可得, $\forall \varepsilon > 0$, 当 $h < \delta$ 时, $\int_{\mathbf{R}}|f(x+h)-f(x)|\mathrm{d}x < \varepsilon$ 成立.

习题 4

✍ **练习 4.18** 证明 $\int_0^1 \frac{x^p}{1-x}\mathrm{Ln}\left(\frac{1}{x}\right)\mathrm{d}x = \sum\limits_{k=1}^{\infty}\frac{1}{(p+k)^2}$, $p > -1$.

✍ **练习 4.19** 当 $f(x)=\begin{cases}\sin x, & x\in \mathbf{Q} \\ \cos x, & x\in \mathbf{Q}^c\end{cases}$ 时, 判断 $(R)\int_0^{\infty}f(x)\mathrm{d}x$ 是否有意义, 若有意义则求出其值; 若无意义则说明理由.

✍ **练习 4.20** 设 $f(x)$ 是 $E(E\subset \mathbf{R})$ 上勒贝格可积, 且 $0 < A = \int_E f(x)\mathrm{d}m < \infty$. 证明存在可测集 $E_0 \subset E$, 使得

$$\int_{E_0}f(x)\mathrm{d}m = \frac{A}{3}$$

✍ **练习 4.21** 设 $f(x)$ 是 $[0,\infty)$ 上勒贝格可积函数, 则 $\lim\limits_{k\to\infty}f(x+k)=0$, a.e.$x\in[0,\infty)$.

✍ **练习 4.22** 设 $f(x)$ 是 $E\subset \mathbf{R}^n$ 上勒贝格可积函数, 则 $m(\{x\in E||f(x)|>k,\forall k\in \mathbf{N}\})=O\left(\frac{1}{k}\right)$ (当 $k\to\infty$).

✍ **练习 4.23** 设 $f(x)=x^a\sin\left(\frac{1}{x}\right)$, $x\in[0,1]$. 分析参数 $a\in\mathbf{R}$ 的取值范围, 使得 $f(x)$ 在 $[0,1]$ 上勒贝格可积.

4.5 重积分、累次积分与 Fubini 定理

首先，需要说明的是前述的定义及性质对于 $E(\subset \mathbf{R}^n)$ 时都是成立的，但是从定义的角度来计算积分是有困难的. 数学分析中，对于多重黎曼积分的计算方法是通过将重积分化成累次积分，然后逐层求解. 在计算勒贝格积分时，我们也想建立类似的重积分到累次积分的运算关系. 为方便起见，我们只在 $\mathbf{R}^2$ 上讨论.

> **定理 4.10 (Tonelli 定理)**
>
> 设 $f(x,y)$ 是 $(x,y) \in \mathbf{R} \times \mathbf{R}$ 上的非负可测函数，则
>
> (1) 对 a.e. $x \in \mathbf{R}$ 取定，$f(x,y)$ 关于 y 是非负可测函数；
>
> (2) $F(x) = \int_{\mathbf{R}} f(x,y)\mathrm{d}y$ 是关于 x 的非负可测函数；
>
> (3) 对非负可测函数 $\int_{\mathbf{R}} f(x,y)\mathrm{d}y$ 关于 x 求积分，成立 $\int_{\mathbf{R}} \left(\int_{\mathbf{R}} f(x,y)\mathrm{d}y \right) \mathrm{d}x = \int_{\mathbf{R}^2} f(x,y)\mathrm{d}x\mathrm{d}y$.

证明 因可测函数可以用简单函数（构造的特征函数）序列来逼近，下面只用证明集合上的特征函数在 E 上满足定理结论即可. 后续证明中逐步讨论 E 为半开闭矩形、开集、有界闭集、G_δ 型集、零测集，再到一般可测集，证明本定理对于任何集合的特征函数都成立.

1. 当 $E = [a,b) \times [c,d)$. 构造 $f(x,y)$，且当 $x \notin [a,b)$ 时 $f(x,y) = 0$，当 $x \in [a,b)$ 时 $f(x,y) = \begin{cases} 1, & y \in [c,d) \\ 0, & y \notin [c,d). \end{cases}$ 则对于 $x \in [a,b)$ 取定，$f(x,y)$ 看作 y 的函数是非负可测的. 即此时的 $f(x,y)$ 满足定理条件的 (1)-(2)，且

$$F(x) = \int_{\mathbf{R}} f(x,y)\mathrm{d}y = \begin{cases} |d-c|, & x \in [a,b) \\ 0, & x \notin [a,b) \end{cases} \tag{4.17}$$

$$\int_{\mathbf{R}} F(x)\mathrm{d}x = \int_{[a,b)} |d-c|\mathrm{d}x = |b-a| \cdot |d-c|$$

(4.17) 式右边是 $f(x,y)$（简单函数）在 $E = [a,b) \times [c,d)$ 上的勒贝格积分. 即证得此时定理结论成立.

2. 当 $E \subset \mathbf{R}^2$ 是开集时，由开集的性质，存在 $\mathbf{R}^2$ 至多可列个互不相交的半开闭矩形 $I^{(k)}$，使得 $E = \bigcup_{k=1}^{\infty} I^{(k)}$. 而每个 $I^{(k)}$ 均可表示为：$I^{(k)} = [a_k, b_k) \times [c_k, d_k)$. 令 $f_k(x,y)$ 是集合 $I^{(k)}$ 的特征函数，则 $f(x,y) = \sum_{k=1}^{\infty} f_k(x,y)$.

由 (1) 得，对每个 $f_k(x,y)$ 均满足定理的 (1)-(3). 从而对于 $x \in \mathbf{R}$，$f(x,y)$ 作为 y 的函数，非负且可测. 由逐项积分定理得：

$$F(x) = \int_{\mathbf{R}} f(x,y)\mathrm{d}y = \int_{\mathbf{R}} \sum_{k=1}^{\infty} f_k(x,y)\mathrm{d}y = \sum_{k=1}^{\infty} \int_{\mathbf{R}} f_k(x,y)\mathrm{d}y$$

则 $F(x)$ 关于 x 是非负可测函数.

利用逐项积分定理得:

$$\int_{\mathbf{R}^2} f(x,y)\mathrm{d}x\mathrm{d}y = \int_{\mathbf{R}^2} \sum_{k=1}^{\infty} f_k(x,y)\mathrm{d}x\mathrm{d}y = \sum_{k=1}^{\infty} \int_{\mathbf{R}^2} f_k(x,y)\mathrm{d}x\mathrm{d}y$$

$$= \sum_{k=1}^{\infty} \int_{\mathbf{R}} \left(\int_{\mathbf{R}} f_k(x,y)\mathrm{d}y \right)\mathrm{d}x = \int_{\mathbf{R}} \sum_{k=1}^{\infty} \left(\int_{\mathbf{R}} f_k(x,y)\mathrm{d}y \right)\mathrm{d}x$$

$$= \int_{\mathbf{R}} \left(\int_{\mathbf{R}} \sum_{k=1}^{\infty} f_k(x,y)\mathrm{d}y \right)\mathrm{d}x = \int_{\mathbf{R}} \left(\int_{\mathbf{R}} f(x,y)\mathrm{d}y \right)\mathrm{d}x$$

这样, 我们便证明了当 E 是任意开集时定理成立.

3. 当 $E \subset \mathbf{R}^2$ 是有界闭集时. 构造覆盖 E 的开球 $G_2 = \{(x,y) \in \mathbf{R} \times \mathbf{R}, \mathrm{d}((x,y), E) < 1\}$, 并令 $G_1 \triangleq G_2 \backslash E$. 注意到 G_2 是开集, E 是闭集, 则 G_1 是开集.

那么分别令 $f_1(x,y)$ 与 $f_2(x,y)$ 是集合 G_1, G_2 的特征函数. 则由 (2) 得, $f_1(x,y)$ 与 $f_2(x,y)$ 均满足定理结论. 记 $f(x,y) = f_2(x,y) - f_1(x,y)$, 由于 $G_1 \subset G_2$, 则 $f(x,y) \geqslant 0$.

从而对于 $x \in \mathbf{R}$, $f(x,y)$ 为 y 的非负可测函数. 则有

$$F(x) = \int_{\mathbf{R}} f(x,y)\mathrm{d}y = \int_{\mathbf{R}} f_2(x,y)\mathrm{d}y - \int_{\mathbf{R}} f_1(x,y)\mathrm{d}y$$

关于 $y \in \mathbf{R}$ 上非负可积. 对上式右端两项分别用上述结果, 结论显然成立.

4. 当 E 是零测集时, 由可测集的性质: 对 $\forall \varepsilon, \exists G(\text{开集}) \supset E$ 且 $m(G - E) < \varepsilon$. 从而可构造开集列

$$G_k \supset G_{k+1} \supset \cdots \supset E \text{ 且 } \lim_{k \to \infty} m(G_k) = 0$$

令 $H = \bigcap_{k=1}^{\infty} G_k$, 则 $E \subset H$ 且 $mH = 0$. 令 $f_k(x,y)$ 及 $\chi_H(x,y)$ 分别表示集合 G_k 及 H 的特征函数, 由控制收敛定理及 (2) 可得:

$$0 = \int_{\bigcap_{k=1}^{\infty} G_k} \chi_H(x,y)\mathrm{d}x\mathrm{d}y = \int_{\mathbf{R}^2} \chi_H(x,y)\mathrm{d}x\mathrm{d}y$$

$$= \lim_{k \to \infty} \int_{\mathbf{R}^2} f_k(x,y)\mathrm{d}x\mathrm{d}y = \lim_{k \to \infty} \int_{\mathbf{R}} \left(\int_{\mathbf{R}} f_k(x,y)\mathrm{d}x \right)\mathrm{d}y$$

$$= \int_{\mathbf{R}} \left(\lim_{k \to \infty} \int_{\mathbf{R}} f_k(x,y)\mathrm{d}x \right)\mathrm{d}y = \int_{\mathbf{R}} \int_{\mathbf{R}} \left(\lim_{k \to \infty} f_k(x,y)\mathrm{d}x \right)\mathrm{d}y$$

$$= \int_{\mathbf{R}} \left(\int_{\mathbf{R}} \chi_H(x,y)\mathrm{d}x \right)\mathrm{d}y$$

5. 当 $E \subset \mathbf{R}^2$ 为任一可测集时，则可构造单增的闭集序列：$F_k \subset F_{k+1} \subset \cdots \subset E$ 使得 $E = \left(\bigcup_{k=1}^{\infty} F_k\right) \cup E_0$. 此时 E_0 是零测集且满足 $\left(\bigcup_{k=1}^{\infty} F_k\right) \cap E_0 = \varnothing$. 令 f_0 与 f_k 分别表示 E_0 与集合 F_k 的特征函数，则有

$$f(x,y) = \chi_E(x,y) = \lim_{k \to \infty} f_k(x,y) + f_0(x,y)$$

则根据上述结果，利用控制收敛定理则可得结论.

定理 4.11 (Fubini 定理)

设 $f(x,y)$ 在 $\mathbf{R}^2$ 上勒贝格可积，则

(1) a.e.$x \in \mathbf{R}$ 固定，则 $f(x,y)$ 是关于 y 的勒贝格可积函数；

(2) $\int_{\mathbf{R}} f(x,y)\mathrm{d}y$ 作为 x 的函数在 $\mathbf{R}$ 上是可测函数；

(3) $\int_{\mathbf{R}} \left(\int_{\mathbf{R}} f(x,y)\mathrm{d}y\right) \mathrm{d}x = \int_{\mathbf{R}^2} f(x,y)\mathrm{d}x\mathrm{d}y$.

证明 由 $f(x,y) = f^+(x,y) - f^-(x,y)$，且 $f^+(x,y)$ 与 $f^-(x,y)$ 都是 $\mathbf{R}^2$ 上的非负勒贝格可积函数，则由 Tonelli 定理，结论得证.

习题 5

✍ **练习 4.24** 计算：(1) $(L)\int_{x>1}\int_{y>1} \frac{1}{(1+y)(1+x^2y)}\mathrm{d}x\mathrm{d}y$；

(2) $(L)\int_{[0,\infty)} \frac{\ln(x)}{x^2-1}\mathrm{d}x$.

✍ **练习 4.25** 设 $f(x,y)$ 是 $[0,1]\times[0,1]$ 上勒贝格可积函数，证明：

$$\int_0^1 \mathrm{d}x \int_0^x f(x,y)\mathrm{d}y = \int_0^1 \mathrm{d}y \int_y^1 f(x,y)\mathrm{d}x$$

第 5 章　微分与积分

基于 Fubini 定理, 重积分可以化成累次积分的结构. 本章只讨论一元函数微分与积分的联系.

由一元函数的黎曼积分理论可知: 当函数 $f(x)$ 在区间 $[a,b]$ 上可积时, 其变上限函数 $F(x) = (R)\int_a^x f(t)\mathrm{d}t$ 在区间 $[a,b]$ 上连续. 进一步地还有如下结论:

(1) 当 $f(x)$ 在区间 $[a,b]$ 上是连续函数时, 变上限函数 $F(x)$ 在 $[a,b]$ 上可微;

(2) 当函数 $f'(x)$ 在区间 $[a,b]$ 上是连续函数时, $(R)\int_a^x f'(t)\mathrm{d}t = f(x) - f(a)$.

本章的目的是要将以上 (1)(2) 中关于黎曼积分的结论推广到勒贝格积分中去, 并分析以下两对: $(L)\int_{[a,b]} f'(x)\mathrm{d}x$ 与 $f(b) - f(a)$, $(L)\dfrac{\mathrm{d}}{\mathrm{d}x}\int_{[a,x]} f(t)\mathrm{d}t$ 与 $f(x)$ 之间的关系.

当 $f(x)$ 是区间 $[a,b]$ 上的可微函数时, $f'(x)$ 不一定在 $[a,b]$ 上可积 (可以构造出处处可导但导函数不可积的反例). 进一步展开之前, 我们先引入如下的预备知识.

定义 5.1 [维它利 (Vitali) 覆盖]

设 $H = \{I_\alpha\}$ (其中 $mI_\alpha > 0$) 是由闭集组成的集合簇. 可测集 $E \subset \mathbf{R}^n$, 若 $\forall x \in E$ 存在闭集列 $\{I_k\} \subset H$, 使得 $x \in I_k$ 且 $\lim\limits_{k \to \infty} mI_k = 0$, 则称 H 是 E 的一个维它利意义下的覆盖 (简记为 V–覆盖).

♣

定理 5.1 (维它利覆盖定理)

设 $mE < +\infty$, H 是 E 的一个 V–覆盖. 则由 H 中可选出至多可列个互不相交的闭集 $\{I_k\}$ 使得

$$m\left(E - \bigcup_k^\infty I_k\right) = 0 \tag{5.1}$$

♡

证明　这个定理对于 $E \subset \mathbf{R}^n$ 都成立, 下面只证明 $n = 1$ 的情形.

由于 $mE < +\infty$, 设其落在有界开集 G_0 中. 不妨将 H 覆盖中落在 G_0 中的元素取出来构成新的集合簇 (记为 H_1), 则 H_1 也构成 E 的一个 V–覆盖. 接下来用归纳法把目标集合列从 H_1 中找出来.

1. 由于 H_1 中的元素均在 G_0 中, 从而记:

$$\delta_0 = \sup_{I_i \subset G_0} \{|I_i|, I_i \in H_1\}, \text{则 } \delta_0 \text{ 是非负有限实数}$$

(1) 若 $\delta_0 > 0$ 时, 则存在 $I_1 \subset G_0$ 使得 $I_1 \cap E \neq \varnothing$ 且 $|I_1| > \dfrac{\delta_0}{2}$. 令 $G_1 = G_0 - I_1$, 则 G_1 是开集, 记:

$$\delta_1 = \sup_{I_i \subset G_1} \{|I_i|, I_i \in H_1\}, 则 \ \delta_1 \ 是非负有限实数$$

如果 $\delta_1 = 0$，那么说明 G_1 中不含有 H_1 中测度非 0 的闭区间，而由于 H_1 构成了 E 的 V-覆盖，从而取 I_1 便能保证结论成立.

(2) 若 $\delta_1 > 0$，则可取 $I_2 \in G_1$ 使 $I_2 \cap E \neq \varnothing$ 且 $|I_2| > \frac{\delta_1}{2}$. 由选取方式可知 $I_1 \cap I_2 = \varnothing$. 令 $G_2 = G_1 - I_2$，则 G_2 是开集，记

$$\delta_2 = \sup_{I_i \subset G_2} \{|I_i|, I_i \in H_1\}, 则 \ \delta_2 \ 是非负有限实数$$

(3) 重复上述步骤，在第 k 步令 $G_k \triangleq G_{k-1} \backslash \{I_k\}$，则 G_k 是开集，记

$$\delta_k = \sup_{I_i \subset G_k} \{|I_i|, I_i \in H_1\}, 则 \ \delta_k \ 也是非负有限实数$$

若在有限的 k 步，达到 $\delta_k = 0$，则

$$\{I_1, I_2, \cdots, I_k\} （闭集列）便是需要的集合列$$

否则重复此过程，可以选出可列个集合 I_k，满足

$$\begin{cases} \{I_1, I_2, \cdots, I_k, \cdots\}, 当 \ i \neq j \ 时 \ I_i \cap I_j = \varnothing \\ I_i \subset G_0, \quad \bigcup\limits_{i=1}^{\infty} I_i \subset G_0 \end{cases} \tag{5.2}$$

从而得：$m\left(\bigcup\limits_{i=1}^{\infty} I_i\right) = \sum\limits_{i=1}^{\infty} mI_i < mG_0 < +\infty.$

2. 下面说明 (5.2) 式中取出的闭集列便是需要的，即只用证明 $m\left(E \backslash \bigcup\limits_{k=1}^{\infty} I_k\right) = 0.$ 为此构造闭集 J_i，其与 I_i 同中心且满足 $|J_i| = 5|I_i|$，则

$$m\left(\bigcup\limits_{i=1}^{\infty} J_i\right) \leqslant \sum\limits_{i=1}^{\infty} mJ_i = 5 \sum\limits_{i=1}^{\infty} mI_i < +\infty$$

对于任意 i，如果 $\left(E \backslash \bigcup\limits_{k=1}^{\infty} I_k\right) \subset \bigcup\limits_{k=i}^{\infty} J_k$ 成立，根据正项级数收敛的条件即可证明结论. 事实上：

(1) 对 $\forall x \in E \backslash \bigcup\limits_{k=1}^{\infty} I_k$，即对于 $\forall i \in \mathbf{N}$ 取定时 $x \notin \bigcup\limits_{l=1}^{i} I_l$ 且 $x \in G_i$. 即存在 $\bar{I} \in H_1 \backslash \{I_1, I_2, \cdots, I_i\}$，使得 $x \in \bar{I}$ 且 $\bar{I} \subset G_i$. 注意到 G_i 是开集，则 $|\bar{I}| > 0$.

$$可断言： \qquad \bar{I} \subset G_k, 不可能对一切的 \ k > i \ 都成立 \tag{5.3}$$

否则若 $\forall k > i$ 及 (5.3) 式都成立，则由 $\{I_k\}$ 的选取步骤可知，$|\bar{I}| \leqslant \delta_k <$

$2|I_{k+1}|$. 注意到 $|I_k| \xrightarrow{k \to \infty} 0$, 可得 $|\bar{I}| = 0$, 这与 V-覆盖中集合的条件矛盾.

(2) 记 $F_k = \bigcup\limits_{l=1}^{k} I_l$, 并记 k_0 是满足 $\bar{I} \cap F_k \neq \varnothing$ 时最小的自然数, 注意到 (5.3) 式, 即

$$\bar{I} \cap F_{k_0} \neq \varnothing, \ \bar{I} \cap F_{k_0-1} = \varnothing$$

从而得 $\bar{I} \cap I_{k_0} \neq \varnothing$ 使得 $\bar{I} \subset G_{k_0-1}$, $|\bar{I}| \leqslant \delta_{k_0-1} < 2|I_{k_0}|$. 由于 $\bar{I}$ 的长度不超过 I_{k_0} 长度的两倍. 可得

$$\bar{I} \subset J_{k_0} \subset \bigcup_{l=k_0}^{\infty} J_l \subset \bigcup_{l=i}^{\infty} J_l$$

则 $0 \leqslant m\left(E \backslash \bigcup\limits_{k=0}^{\infty} I_k\right) \leqslant \sum\limits_{l=i}^{\infty} mJ_l \xrightarrow{i \to \infty} 0$.

> **推论 5.1 (维它利覆盖定理另一个形式)**
>
> 设 $mE < \infty$, H 是 E 的一个 V-覆盖. 则 $\forall \varepsilon > 0$, 存在有限个闭集 $\{I_i\}_{i=1,\cdots,k}$ 使 $m\left(E \backslash \bigcup\limits_{i=1}^{k} I_i\right) < \varepsilon$.
>
> ♡

证明 根据定理 5.1, 可取出互不相交的闭区间列 $\{I_k\}$, 对 $\forall \varepsilon > 0$ 存在 k, 使得 $\sum\limits_{i=k+1}^{\infty} mI_i < \varepsilon$. 从而

$$m\left(E - \bigcup_{i=1}^{k} I_i\right) \leqslant m\left(E - \bigcup_{i=1}^{\infty} I_i\right) + m\left(\bigcup_{i=k+1}^{\infty} I_i\right) < \varepsilon$$

5.1 单调函数的可微性

下面我们来分析: ① 什么样的可测函数 $f(x)$ 在区域 $[a,b]$ 上是可微的; ② 分析其导函数 $f'(x)$ 在区域 $[a,b]$ 上勒贝格可积且满足牛顿—莱布尼兹公式. 因数学分析中原函数与不定积分的关系, 这里先以变限积分函数开始.

若 $f(x)$ 是定义在集合 $[a,b]$ 上的勒贝格可积函数, 其可积性等价于 $(L)\int_{(a,b)} f^+(x)\mathrm{d}x$ 与 $(L)\int_{(a,b)} f^-(x)\mathrm{d}x$ 均有意义. 从而分析 $F(x) = (L)\int_{(a,x)} f(t)\mathrm{d}t$ 的可微性等价于分析 $(L)\int_{(a,x)} f^+(t)\mathrm{d}t$ 与 $(L)\int_{(a,x)} f^-(t)\mathrm{d}t$ 的可微性. 由于 $f^+(x)$ 与 $f^-(x)$ 均为非负可测函数, 从而 $F(x)$ 可以表示成两个单调递增函数的差, 那么自然的问题是: 单调函数是否可导? 下面的定理将说明这个结论是成立的.

定理 5.2 (勒贝格单调微分定理)

　　若 $f(x)$ 是 $[a,b]$ 上的单调增函数，则 $f'(x)$ 在 $[a,b]$ 上 a.e. 存在，且 $f'(x)$ 在 $[a,b]$ 上勒贝格可积并成立

$$(L) \int_a^b f'(x)\mathrm{d}x \leqslant f(b) - f(a)$$

证明　由于 $f(x)$ 在 $[a,b]$ 上单调递增，从而 $f(x)$ 在 $[a,b]$ 上是可测函数. 定义如下的 Dini 微商：

$$\begin{cases} D^+ f(x) = \varlimsup_{h \to 0^+} \dfrac{f(x+h) - f(x)}{h} \\ D_+ f(x) = \varliminf_{h \to 0^+} \dfrac{f(x+h) - f(x)}{h} \end{cases} \quad \text{以及} \quad \begin{cases} D^- f(x) = \varlimsup_{h \to 0^-} \dfrac{f(x+h) - f(x)}{h} \\ D_- f(x) = \varliminf_{h \to 0^-} \dfrac{f(x+h) - f(x)}{h} \end{cases}$$

显然有 $D^+ f(x) \geqslant D_+ f(x)$ 及 $D^- f(x) \geqslant D_- f(x)$. 且由 $f(x)$ 的单增性，从而 $D^\pm f(x)$ 与 $D_\pm f(x)$ 都是 $[a,b]$ 上的非负可测函数.

　　若要证明 $f(x)$ 在 x 点可导，只用验证

$$D^+ f(x) = D_+ f(x) = D^- f(x) = D_- f(x)$$

等价于如下的循环结构

$$D_+ f(x) \leqslant D^+ f(x) \boxed{\leqslant} D_- f(x) \leqslant D^- f(x) \boxed{\leqslant} D_+ f(x) \tag{5.4}$$

由于 $f(x)$ 只是勒贝格可积的单调函数（有可能不连续），因此要求 (5.4) 式逐点成立是不现实的. 事实上可以验证 (5.4) 式几乎处处在 $[a,b]$ 上成立. 记：

$$E_1 = \left\{ x \,|\, D^+ f(x) > D_- f(x) \right\}, \quad E_2 = \left\{ x \,|\, D^- f(x) > D_+ f(x) \right\}$$

下面将证明 E_1、E_2 均是零测集.

　　我们先验证 $mE_1 = 0$. 由于

$$E_1 = \{x \,|\, D^+ f(x) > D_- f(x)\} = \bigcup_{\gamma, s \in \mathbf{Q}^+} E\{x \,|\, D^+ f(x) > \gamma > s > D_- f(x)\} \triangleq \bigcup_{\gamma, s \in \mathbf{Q}^+} E_{\gamma, s}$$

若能证明 $mE_{\gamma, s} = 0$ 则可得 $mE_1 = 0$.

　　用反证法，假设存在 $\gamma > s > 0$ 使得 $mE_{\gamma, s} > 0$. 则对 $\forall \varepsilon > 0$，可构造开集 G 使得 $E_{\gamma, s} \subset G$ 且 $mG < (1 + \varepsilon)mE_{\gamma, s}$. 而对 $\forall x \in E_{\gamma, s}$，均有

$$\varliminf_{h \to 0^-} \frac{f(x+h) - f(x)}{h} = \varliminf_{h \to 0^+} \frac{f(x-h) - f(x)}{-h} = D_- f(x) < s$$

1. 由上式存在 $h > 0$ 且充分小时：$\frac{f(x-h) - f(x)}{-h} < s$，即

$$f(x) - f(x-h) < s \cdot h \tag{5.5}$$

由于 G 是开集，则可取 $h > 0$ 充分小使得 $[x-h, x] \subset G$. 这样的集簇 $\{[x-h, x]\}$ 可构成 $E_{\gamma,s}$ 的一个维它利覆盖. 由维它利覆盖定理得：

$$\forall \varepsilon > 0, \quad \begin{cases} \exists p\ (\text{有限数}), \ \text{使得} \ [x_i - h_i, x_i]_{i=1,\cdots,p} \ \text{两两互不相交}, \\[2mm] \text{且} \ [x_i - h_i, x_i] \subset G \\[2mm] m\left(E_{\gamma,s} - \bigcup_{i=1}^{p}[x_i - h_i, x_i]\right) < \varepsilon \end{cases}$$

并且有：

$$\sum_{i=1}^{p} h_i = m\left(\bigcup_{i=1}^{p}[x_i - h_i, x_i]\right) < mG < (1+\varepsilon)mE_{\gamma,s} \tag{5.6}$$

由 (5.5) 式有 $f(x_i) - f(x_i - h_i) < s \cdot h_i, (i=1,\cdots,p)$. 因此

$$\sum_{i=1}^{p}[f(x_i) - f(x_i - h_i)] < s\sum_{i=1}^{p} h_i < s(1+\varepsilon)mE_{\gamma,s}, \ s \in \mathbf{Q}^+ \tag{5.7}$$

2. 记 $A = E_{\gamma,s} \cap \left(\bigcup_{i=1}^{p}(x_i - h_i, x_i)\right)$，可得：

$$mA > mE_{\gamma,s} - \varepsilon \tag{5.8}$$

$\forall \overline{x} \in A$ 时，因 $D^+ f(\overline{x}) > \gamma(\gamma \in \mathbf{Q}^+)$. 类似可得：存在 $h^j > 0$ 且充分小，使得：

$$\frac{f(\overline{x} + h^j) - f(\overline{x})}{h^j} > \gamma, \ \gamma \in \mathbf{Q}^+ \tag{5.9}$$

且存在某个 i，使 $\overline{x} \in (x_i - h_i, x_i), (i=1,\cdots,p)$，并得：

$$[\overline{x}, \overline{x} + h^j] \subset (x_i - h_i, x_i)$$

而集合簇 $\{[\overline{x}, \overline{x} + h^j]\}_{j \in \mathbf{N}}$ 构成 A 的维它利覆盖. 由维它利覆盖定理得：

$$\forall \varepsilon > 0, \quad \begin{cases} \exists q\ (\text{有限数}), \ \text{使得} \ [\bar{x}_j, \bar{x}_j + h^j]_{j=1,\cdots,q} \ \text{两两互不相交} \\[2mm] \forall j \in \{1,\cdots,q\} \ \text{存在} \ i(i=1,\cdots,p) \ \text{使得} \ [\bar{x}_j, \bar{x}_j + h^j] \subset (x_i - h_i, x_i) \\[2mm] m\left(A - \bigcup_{j=1}^{q}[\bar{x}_j, \bar{x}_j + h^j]\right) < \varepsilon \end{cases}$$
$$\tag{5.10}$$

由于 $f(x)$ 是在 $[a, b]$ 上单增函数，由 (5.10) 式可得：

$$\sum_{j=1}^{q} f(\overline{x}_i + h^j) - f(\overline{x}_i) < \sum_{i=1}^{p} f(x_i) - f(x_i - h_i) \tag{5.11}$$

由 (5.10) 式知：$mA - \varepsilon < \sum_{j=1}^{q} h^j$，且由 (5.9) 式可得：

$$f(\overline{x}_j + h^j) - f(\overline{x}_j) > \gamma h^j, (\gamma \in \mathbf{Q}^+)$$

从而由 (5.8) 式得：

$$\sum_{j=1}^{q} \left(f(\overline{x}_j + h^j) - f(\overline{x}_j) \right) > \gamma \sum_{j=1}^{q} h^j \geqslant \gamma(mA - \varepsilon) \geqslant \gamma(mE_{\gamma s} - 2\varepsilon) \quad (5.12)$$

结合 (5.7) 式、(5.11) 式及 (5.12) 式

$$\gamma(mE_{\gamma s} - 2\varepsilon) \leqslant \sum_{j=1}^{q} f(\overline{x}_j + h^j) - f(\overline{x}_j) \leqslant \sum_{i=1}^{p} f(x_i) - f(x_i - h_i) \leqslant s(1 + \varepsilon)mE_{\gamma s}$$

则得 $(\gamma - s(1+\varepsilon))mE_{\gamma s} \leqslant 2\gamma\varepsilon$. 由 ε 的任意性且 $\gamma > s$，使得 $mE_{\gamma s} = 0$.

3. 类似地证明 $mE_2 = 0$.

由以上的证明可得：$f'(x)$ 在 E 上 a.e. 存在（可能取值为 $+\infty$），由于可测函数 $f'(x) \overset{\text{a.e.}}{\geqslant} 0$（单增性）.

$$\text{记 } \tilde{f}(x) = \begin{cases} f(b), & x > b \\ f(x), & x \in [a, b] \\ f(a), & x < a \end{cases}$$

及 $\tilde{f}_k(x) = k[\tilde{f}(x + \frac{1}{k}) - \tilde{f}(x)]$，则 $\{\tilde{f}_k(x)\}$ 是非负可测函数列，且当 $x \in [a, b]$ 时 $\lim_{k \to \infty} \tilde{f}_k(x) = f'(x)$ 是可测函数.

$$\int_a^b f'(x)\mathrm{d}x = \int_a^b \lim_{k \to \infty} \tilde{f}_k(x)\mathrm{d}x \leqslant \varliminf_{k \to \infty} \int_a^b \tilde{f}_k(x)\mathrm{d}x$$

$$= \varliminf_{k \to \infty} \left[k \int_a^b \tilde{f}(x + \frac{1}{k})\mathrm{d}x - k \int_a^b \tilde{f}(x)\mathrm{d}x \right]$$

$$= \varliminf_{k \to \infty} \left[k \int_{a+\frac{1}{k}}^{b+\frac{1}{k}} \tilde{f}(x)\mathrm{d}x - k \int_a^b \tilde{f}(x)\mathrm{d}x \right]$$

$$= \varliminf_{k \to \infty} \left[k \int_b^{b+\frac{1}{k}} \tilde{f}(x)\mathrm{d}x - k \int_a^{a+\frac{1}{k}} \tilde{f}(x)\mathrm{d}x \right] \text{（利用单调性）}$$

$$\leqslant \varliminf_{k \to \infty} \left[k \cdot \frac{1}{k} f(b) - k \cdot f(a) \cdot \frac{1}{k} \right] = f(b) - f(a)$$

注　对于区间 $[a, b]$ 上的单调下降的函数，也可证明类似结论. 结合命题 4.6 可得：当 $f(x)$ 在 $[a, b]$ 上单调时，$f'(x)$ 在 $[a, b]$ 上 a.e. 存在并 a.e. 有限.

定理结论中的"几乎处处可导"不可改进. 积分不等式中的"$\leqslant$"也不能改进为"$=$"，

反例见 5.3 节中的康托函数.

> **命题 5.1**
>
> 设 $f(x)$ 在区间 $[a,b]$ 上勒贝格可积, 对 $x \in [a,b]$, 记 $F(x) = (L)\int_a^x f(t)\mathrm{d}t$,
> 则 $F'(x) \stackrel{\text{a.e.}}{=\!=\!=} f(x)$. ♠

证明 由于 $F(x) = \int_a^x f(t)\mathrm{d}t = \int_a^x f^+(t)\mathrm{d}t - \int_a^x f^-(t)\mathrm{d}t$ 是两个单增函数之差, 从而 $F(x)$ 在 $[a,b]$ 几乎处处可导:

$$F'(x) = \lim_{h \to 0} \frac{F(x+h) - F(x)}{h} \text{ 在 } [a,b] \text{ 上 a.e. 存在}$$

下面验证 $F'(x) = f(x)$, a.e.$[a,b]$ 成立, 由归结原理只用验证 $h = \frac{1}{k}$ 时成立即可. 延拓 $f(x)$ 如下:

$$\tilde{f}(x) = \begin{cases} f(x), & x \in [a,b] \\ f(a), & x < a \\ f(b), & x > b \end{cases}$$

记

$$f_k(x) = k \int_x^{x+\frac{1}{k}} \tilde{f}(t)\mathrm{d}t, x \in [a,b]$$

则

$$\lim_{k \to \infty} f_k(x) = F'(x) \text{ a.e.}[a,b] \tag{5.13}$$

接下来只用证明 $\lim\limits_{k \to \infty} f_k(x) = f(x)$, a.e.$[a,b]$.

1. 我们先证明 $f_k(x) \Rightarrow f(x)$. 由于

$$\int_a^b |f_k(x) - f(x)|\mathrm{d}x = \int_a^b \left| k \int_x^{x+\frac{1}{k}} \tilde{f}(t)\mathrm{d}t - f(x) \right| \mathrm{d}x$$

$$= k \int_a^b \left| \int_x^{x+\frac{1}{k}} \tilde{f}(t)\mathrm{d}t - \int_0^{\frac{1}{k}} f(x)\mathrm{d}t \right| \mathrm{d}x$$

$$\leqslant k \int_a^b \int_0^{\frac{1}{k}} \left| \tilde{f}(x+t) - f(x) \right| \mathrm{d}t\mathrm{d}x$$

注意到当 $t \in [0, \frac{1}{k}]$ 时, 从而由命题 4.11 得, $\forall \varepsilon > 0$ 存在 K_0, 当 $k > K_0$ 时,

$$k \int_a^b \int_0^{\frac{1}{k}} \left| \tilde{f}(x+t) - f(x) \right| \mathrm{d}t\mathrm{d}x \leqslant k \int_0^{\frac{1}{k}} \int_{\mathbf{R}} |\tilde{f}(x+t) - \tilde{f}(x)|\mathrm{d}x\mathrm{d}t \leqslant k \int_0^{\frac{1}{k}} \varepsilon \mathrm{d}t = \varepsilon$$

即 $\lim\limits_{k \to \infty} \int_a^b |f_k(x) - f(x)|\mathrm{d}x = 0$. 从而对于 $\forall \sigma > 0$, 记 $E_k = [a,b] \cap \{x \mid |f_k(x) - f(x)| \geqslant \sigma\}$, 有

$$0 = \lim_{k \to \infty} \int_a^b |f_k(x) - f(x)| \mathrm{d}x \geqslant \lim_{k \to \infty} \int_{E_k} |f_k(x) - f(x)| \mathrm{d}x \geqslant \sigma \lim_{k \to \infty} m E_k \geqslant 0$$

得在 $[a, b]$ 上 $f_k(x) \Rightarrow f(x)$.

2. 根据里斯定理，存在子函数列 $f_{k_i}(x) \xrightarrow{\text{a.e.}} f(x)$，由 (5.13) 式及归结原理，则得：

$$\left(\int_a^x f(t)\mathrm{d}t \right)' = F'(x) = \lim_{k \to \infty} f_k(x) = \lim_{k_i \to \infty} f_{k_i}(x) = f(x) \text{ a.e.}[a, b]$$

习题 1

✍ 练习 5.1　设 $\{f_k(x)\}$ 在区间 (a, b) 上为单调、有界且连续的函数序列，证明 $f_k(x)$ 在 (a, b) 上一致收敛；若将 (a, b) 改成 $(-\infty, \infty)$ 会怎么样？

✍ 练习 5.2　设 $f(x)$ 在区间 $[a, b]$ 上连续，证明函数 $m(x) = \inf_{z \in [a, x]} f(z), M(x) = \sup_{z \in [a, x]} f(z)$ 在 $[a, b]$ 上单调且连续.

✍ 练习 5.3 (Fubini 逐项微分)　设 $\{f_k(x)\}_{k \in \mathbf{N}}$ 是 $[0, 1]$ 上的递增函数列，且 $\sum\limits_{k=1}^{\infty} f_k(x)$ 在 $[0, 1]$ 上收敛，则

$$\frac{\mathrm{d}}{\mathrm{d}x} \left(\sum_{k=1}^{\infty} f_k(x) \right) = \sum_{k=1}^{\infty} \frac{\mathrm{d}}{\mathrm{d}x} f_k(x) \text{ a.e.}[0, 1]$$

5.2　有界变差函数及其性质

由于积分变限函数 $F(x) = (L)\int_a^x f(t)\mathrm{d}t = \int_a^x f^+(t)\mathrm{d}t - \int_a^x f^-(t)\mathrm{d}t$ 是关于 x 单调递增的函数之差. 对于这类可分解成两个单调递增函数之差的可测函数，是一类重要的函数集——有界变差函数，在很多地方都有应用，下面对其特征做进一步说明.

定义 5.2 (有界变差函数)

设 $f(x)$ 在 $[a, b]$ 上有定义，对 $[a, b]$ 作任意分割 $\Delta : a = x_0 < x_1 < \cdots < x_k = b$，称

$$V(\Delta, f) = \sum_{i=1}^k |f(x_i) - f(x_{i-1})|$$

是函数 $f(x)$ 在 $[a, b]$ 上关于分割 Δ 的变差. 若对任意分割 Δ 有 $\sup_{\Delta} V(\Delta, f) \stackrel{\text{记作}}{=\!=\!=} V_a^b(f) < +\infty$，则称 $f(x)$ 为 $[a, b]$ 上的有界变差函数，$V_a^b(f)$ 为 $f(x)$ 在 $[a, b]$ 上的全变差.

例题 5.1 (闭区间上单调有界函数是有界变差函数)　当 $f(x)$ 在 $[a,b]$ 上单调时，有 $V_a^b(f) = |f(b) - f(a)|$.

证明　任意分割 $\Delta : a = x_0 < x_1 < \cdots < x_k = b$, 则 $\sum\limits_{i=1}^{k} |f(x_i) - f(x_{i-1})| = |f(b) - f(a)|$, 从而得

$$\sup_{\Delta} \sum_{i=1}^{k} |f(x_i) - f(x_{i-1})| = |f(b) - f(a)|$$

例题 5.2　有界连续函数不一定是有界变差函数，例如：

$$f(x) = \begin{cases} x \cos \dfrac{\pi}{2x}, & x \in (0,1] \\ 0, & x = 0 \end{cases}$$

对 $[0,1]$ 取分割 $\Delta : 0 < \frac{1}{2k} < \frac{1}{2k-1} < \cdots < \frac{1}{k} < \frac{1}{k-1} < \cdots < \frac{1}{3} < \frac{1}{2} < 1$, 则

$$V_0^1(\Delta, f) \geqslant \sum_{i=1}^{2k} |f(x_i) - f(x_{i-1})| \geqslant \frac{1}{2} \sum_{i=1}^{k} \frac{1}{i}$$

从而 $V_0^1(f) = +\infty$, 故 $f(x)$ 不是 $[0,1]$ 上的有界变差函数.

性质 [1]　若 $f(x)$ 在 $[a,b]$ 上是有界变差函数，则 $f(x)$ 在 $[a,b]$ 上有界.

证明　反证法，若 $f(x)$ 在 $[a,b]$ 上无界，则存在序列 $\{x_k\}$, 使 $|f(x_k)| \to +\infty$. 则以 $\{x_k\}$ 为 $[a,b]$ 的分割点，那么

$$V_a^b(f) \geqslant |f(x_k) - f(a)| + |f(x_k) - f(b)| \geqslant 2|f(x_k)| - |f(a)| - |f(b)|$$

由于 $|f(x_k)| \to +\infty$, 则与已知条件矛盾.

性质 [2]　若 $f(x)$、$g(x)$ 是 $[a,b]$ 上的有界变差函数，则 $\forall \alpha, \beta \in \mathbf{R}$, 有 $\alpha f(x) + \beta g(x)$ 及 $f(x) \cdot g(x)$ 均是有界变差函数.

证明　根据性质 [1]，不妨设 $f(x)$、$g(x)$ 在 $[a,b]$ 上的界都为 M. 对 $[a,b]$ 任一分割 $\Delta : x_0 = a < x_1 < \cdots < x_k = b$, 得

$$V(\Delta, \alpha f(x) + \beta g(x)) = \sum_{i=1}^{k} |(\alpha f(x_i) + \beta g(x_i)) - (\alpha f(x_{i-1}) + \beta g(x_{i-1}))|$$

$$\leqslant \sum_{i=1}^{k} (|\alpha||f(x_i) - f(x_{i-1})| + |\beta||g(x_i) - g(x_{i-1})|)$$

$$\leqslant |\alpha| V_a^b(f) + |\beta| V_a^b(g) < +\infty$$

类似可得：

$$V(\Delta, f(x) \cdot g(x)) = \sum_{i=1}^{k} |f(x_i)g(x_i) - f(x_{i-1})g(x_{i-1}) - f(x_i)g(x_{i-1}) + f(x_i)g(x_{i-1})|$$

$$\leqslant \sum_{i=1}^{k} |f(x_i)||g(x_i) - g(x_{i-1})| + \sum_{i=1}^{k} |g(x_{i-1})||f(x_i) - f(x_{i-1})|$$

$$\leqslant M \left(V_a^b(f) + V_a^b(g) \right) < +\infty$$

性质 [3]　若 $f(x)$ 在 $[a,b]$ 上是有界变差函数且 $V_a^b(f) = 0$，则 $f(x)$ 是常数.

证明　用反证法. 若不然，那么至少存在一个点 x_k，使 $f(x_k) \neq f(a)$ 或 $f(x_k) \neq f(b)$. 那么对于分割 $\Delta : a < \cdots < x_k < \cdots < b$，则

$$0 = V_a^b(f) \geqslant V(\Delta, f) \geqslant |f(x_k) - f(a)| + |f(x_k) - f(b)| > 0, 矛盾$$

性质 [4]　若 $f(x)$ 是 $[a,b]$ 上的有界变差函数，则

(1) 当 $[c,d] \subset [a,b]$ 时，$f(x)$ 在 $[c,d]$ 上是有界变差函数，且 $V_c^d(f) \leqslant V_a^b(f)$；

(2) 任取 $c \in [a,b]$，则 $V_a^b(f) = V_a^c(f) + V_c^b(f)$.

证明

1. 对 $[c,d]$ 的任一分割 $\Delta_1 : c = x_0 < x_1 < \cdots < x_k = d$，在此基础上对 $[a,b]$ 构造分割 $\overline{\Delta}_1 : a = x_{-1} < c = x_0 < x_1 < \cdots < x_k = d < b = x_{k+1}$. 因此有

$$V_a^b(f) \geqslant V(\overline{\Delta}_1, f) = \sum_{i=0}^{k+1} |f(x_i) - f(x_{i-1})| \geqslant \sum_{i=1}^{k} |f(x_i) - f(x_{i-1})| = V(\Delta_{[c,d]}, f)$$

即 $V_a^b(f)$ 是 $V(\Delta_{[c,d]}, f)$ 的上界，则 $V_c^d(f) = \sup\limits_{\Delta_{[c,d]}} V(\Delta_{[c,d]}, f) \leqslant V_a^b(f) < +\infty$.

2. 对 $[a,b]$ 作任一分割 $\Delta : x_0 = a < x_1 < \cdots < x_k = b$，

   (1) 若 c 是一个分割点时，则

$$\sum_{i=1}^{k} |f(x_i) - f(x_{i-1})| = \sum_{\Delta_1} |f(x_i) - f(x_{i-1})| + \sum_{\Delta_2} |f(x_i) - f(x_{i-1})|$$

其中 $\Delta_{1,2}$ 分别表示区间 $[a,c]$ 与 $[c,b]$ 的一个分割，从而得：

$$V_a^b(f) = \sup_{\Delta} V(\Delta, f) \leqslant \sup_{\Delta_1} V(\Delta_1, f) + \sup_{\Delta_2} V(\Delta_2, f) = V_a^c(f) + V_c^b(f)$$

   (2) 若 c 不是一个分割点，则将 c 插入 Δ 的分割点中，记 $\Delta_1 : a = x_0 < \cdots < x_{i-1} < c < x_i < \cdots < x_k = b$，则可得 $V(\Delta, f) \leqslant V(\Delta_1, f)$.

因而无论 c 是否在分割点中，都有 $V\left(\Delta_{[a,b]}, f\right) \leqslant V\left(\Delta_{[a,c]}, f\right) + V\left(\Delta_{[c,b]}, f\right)$，则

$$V_a^b(f) \leqslant V_a^c(f) + V_c^b(f)$$

另外，根据全变差的定义，对任意 $\varepsilon > 0$，存在分割

$$\tilde{\Delta}_1 : a = x_0 < x_1 < \cdots < x_i = c \text{ 及 } \tilde{\Delta}_2 : c = y_0 < y_1 < \cdots < y_l = b$$

使得：

$$V\left(\tilde{\Delta}_1, f\right) \geqslant V_a^c(f) - \varepsilon, \ V\left(\tilde{\Delta}_2, f\right) \geqslant V_c^b(f) - \varepsilon$$

将 $\tilde{\Delta}_1, \tilde{\Delta}_2$ 合并起来，可构成区间 $[a, b]$ 的一个划分 $\tilde{\Delta} : a = x_0 < x_1 < \cdots < x_i = y_0 < y_1 < \cdots < y_l = b$. 于是由 $V(\tilde{\Delta}, f) = V(\tilde{\Delta}_1, f) + V(\tilde{\Delta}_2, f)$，得 $V_a^c(f) + V_c^b(f) - 2\varepsilon \leqslant V(\tilde{\Delta}, f) \leqslant V_a^b(f)$. 由 ε 的任意性得

$$V_a^c(f) + V_c^b(f) \leqslant V_a^b(f)$$

性质 [5]   若 $\{g_k(x)\}_{k \in \mathbf{N}}$ 是 $[a, b]$ 上的有界变差函数列，且当 $k \to \infty$ 时 $g_k(x)$ 收敛到 $g(x)$，则 $g(x)$ 是 $[a, b]$ 上的有界变差函数并满足 $V_a^b(g) \leqslant \sup\limits_k V_a^b(g_k)$.

证明   任取 $[a, b]$ 的一个分划 $\Delta : a = x_0 < x_1 < \cdots < x_l = b$，则

$$V(\Delta, g) = \sum_{i=1}^l |g(x_i) - g(x_{i-1})| = \lim_{k \to \infty} \sum_{i=1}^l |g_k(x_i) - g_k(x_{i-1})| \leqslant \sup_k V_a^b(g_k)$$

从而得 $V_a^b(g) \leqslant \sup\limits_k V_a^b(g_k)$.

命题 5.2 [约当 (Jordan) 分解定理]

$f(x)$ 在区间 $[a, b]$ 上是有界变差函数当且仅当 $f(x)$ 可表示成两个非负单调增函数之差.

♠

证明   记 $f_1(x) = \frac{1}{2}[V_a^x(f) + f(x) + |f(a)|]$ 及 $f_2(x) = \frac{1}{2}[V_a^x(f) - f(x) + |f(a)|]$，则 $f(x) = f_1(x) - f_2(x)$. 下面只用证明 $f_1(x)$、$f_2(x)$ 为单调增函数即可. 令 $x_1 < x_2$，有

$$|f(x_1) - f(x_2)| \leqslant V_{x_1}^{x_2}(f) = V_a^{x_2}(f) - V_a^{x_1}(f)$$

则 $f(x_1) - f(x_2) \leqslant V_a^{x_2}(f) - V_a^{x_1}(f)$ 及 $f(x_2) - f(x_1) \leqslant V_a^{x_2}(f) - V_a^{x_1}(f)$. 可得

$$f(x_1) + V_a^{x_1}(f) \leqslant V_a^{x_2}(f) + f(x_2), \ \text{以及} \ V_a^{x_1}(f) - f(x_1) \leqslant V_a^{x_2}(f) - f(x_2)$$

上式说明 $f_1(x) = \frac{V_a^x(f) + f(x)}{2}, f_2(x) = \frac{V_a^x(f) - f(x)}{2}$ 关于 x 都是单调增函数.

注   上面的分解不是唯一的，例如 $f(x) = f_1(x) - f_2(x) = [f_1(x) - c] - [f_2(x) - c]$，称如下的分解为正规分解：

$$f_1(x) = \frac{1}{2}[V_a^x(f) + f(x) + |f(a)|], \ f_2(x) = \frac{1}{2}[V_a^x(f) - f(x) + |f(a)|]$$

命题 5.3

若 $f(x)$ 在 $[a, b]$ 上是有界变差函数，则 $f(x)$ 在 $[a, b]$ 上几乎处处可微，且

$$\frac{\mathrm{d}}{\mathrm{d}x}(V_a^x f(x)) = |f'(x)|, \ \text{a.e.}[a, b]$$

♠

证明   详见周民强编著的《实变函数论》.

下面的定理说明有界变差函数不一定满足牛顿—莱布尼兹 ($N-L$) 公式.

定理 5.3

设 $f(x)$ 在 $[a,b]$ 上是有界变差函数，则 $f(x)$ 在 $[a,b]$ 上 a.e. 可导，且 $f'(x)$ 在 $[a,b]$ 上是勒贝格可积，并满足

$$\int_a^b |f'(x)|\mathrm{d}x \leqslant V_a^b(f) \tag{5.14}$$

证明　由 $f(x) = f_1(x) - f_2(x)$，其中 $f_1(x)$、$f_2(x)$ 都是单调增函数，且

$$f_1(x) = \frac{1}{2}\left[V_a^x(f) + f(x) + |f(a)|\right], \quad f_2(x) = \frac{1}{2}\left[V_a^x(f) - f(x) + |f(a)|\right]$$

由命题 5.1 可得：

$$\int_a^b f_1'(x)\mathrm{d}x \leqslant f_1(b) - f_1(a), \quad \int_a^b f_2'(x)\mathrm{d}x \leqslant f_2(b) - f_2(a)$$

其中

$$\begin{cases} f_1(a) = \dfrac{1}{2}\left[f(a) + |f(a)|\right] \\ f_2(a) = \dfrac{1}{2}\left[-f(a) + |f(a)|\right] \end{cases} \qquad \begin{cases} f_1(b) = \dfrac{1}{2}\left[V_a^b(f) + f(b) + |f(a)|\right] \\ f_2(b) = \dfrac{1}{2}\left[V_a^b(f) - f(b) + |f(a)|\right] \end{cases}$$

因此 $f_1(a) + f_2(a) = |f(a)|$ 及 $f_1(b) + f_2(b) = V_a^b(f) + |f(a)|$，从而得

$$\int_a^b |f'(x)|\mathrm{d}x = \int_a^b |f_1'(x) - f_2'(x)|\mathrm{d}x \leqslant \int_a^b f_1'(x)\mathrm{d}x + \int_a^b f_2'(x)\mathrm{d}x \leqslant V_a^b(f)$$

习题 2

练习 5.4　若 $f(x)$ 在 $[a,b]$ 上是有界变差函数，则 $|f(x)|$ 也是 $[a,b]$ 上的有界变差函数.

练习 5.5　若 $f(x)$ 在 $[a,b]$ 上的导函数 $f'(x)$ 是有界变差函数，则 $f'(x)$ 是处处连续的.

练习 5.6　若 $f(x) = \begin{cases} 0, & x = 0 \\ 1 - x, & 0 < x < 1, \text{ 求 } V_0^1(f). \\ 2, & x = 1 \end{cases}$

练习 5.7　设 $f(x)$ 在 $[a,b]$ 上为有界变差函数，则其在 $[a,b]$ 上黎曼可积.

练习 5.8　证明：若 $f(x)$ 在 $[a,b]$ 上满足李普希茨（Lipschitz）条件，则 $f(x)$ 在 $[a,b]$ 上是有界变差函数.

练习 5.9　证明：曲线 $f(x) = \begin{cases} x\sin\left(\dfrac{1}{x}\right), & x \neq 0 \\ 0, & x = 0 \end{cases}$ 在区间 $[0,1]$ 上不可度量长度.

✍ 练习 5.10 证明：若 $\phi(x)$ 与 $\psi(x)$ 在 $[0,1]$ 上处处有导数，且导函数均在 $[0,1]$ 上有界，则曲线 $x = \phi(x)$，$y = \psi(x)$ 在 $t \in [0,1]$ 上可度量长度.

5.3   绝对连续函数与牛顿—莱布尼兹公式

由上一节可知，$f(x)$ 是 $[a,b]$ 区间上有界变差函数并不能保证相应的牛顿—莱布尼兹公式成立. 那么对函数加更强一点的条件：例如当 $f(x)$ 是有界变差函数且连续时，能否可行？下面将举例说明结论是否定的.

回想康托集的构造：对 $[0,1]$ 闭区间依次去掉中间的开区间序列：

$$I_1 = \left(\frac{1}{3}, \frac{2}{3}\right), I_2 = \left(\frac{1}{3^2}, \frac{2}{3^2}\right) \cup \left(\frac{7}{3^2}, \frac{8}{3^2}\right) \cdots,$$

$$I_k = \left(\frac{1}{3^k}, \frac{2}{3^k}\right) \cup \left(\frac{7}{3^k}, \frac{8}{3^k}\right) \cup \cdots \cup \left(\frac{3^k - 2}{3^k}, \frac{3^k - 1}{3^k}\right) \cdots,$$

记 $\bigcup\limits_{k=1}^{\infty} I_k \triangleq G$（开集）.

在此基础上定义 $[0,1]$ 上的康托函数如下：

定义 5.3 (康托函数)

$$\Theta(x) = \begin{cases} \text{在以上开集 } I_k \text{ 上，在不同的区间段上分别取值：} \dfrac{1}{2^k}, \dfrac{3}{2^k}, \cdots, \dfrac{2^k - 1}{2^k} \\ \Theta(0) = 0, \Theta(1) = 1 \\ \text{当 } x \in [0,1] \backslash G \text{ 时，} \Theta(x) = \sup\{\Theta(t) \mid t \in G \text{ 且 } t < x\} \end{cases}$$

（函数图像如图 5–1 所示）

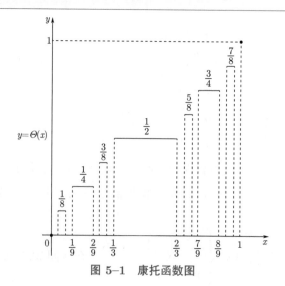

图 5–1 康托函数图

性质 [6] (康托函数性质) 康托函数在 $[0,1]$ 上连续、单调递增，且其导函数勒贝格可积，并满足

$$(L)\int_{[0,1]} \Theta'(x)\mathrm{d}x < \Theta(1) - \Theta(0)$$

证明 单调性可以从构造方式得到，因此几乎处处可导并勒贝格可积. 下面验证 $\Theta(x)$ 在 $[0,1]$ 上连续.

用反证法：注意到 $\Theta(x)$ 在 $[0,1]$ 集合上的取值为

$$A = \left\{ \frac{p}{2^k} \middle| p = 1, 2, \cdots, 2^k - 1, \quad k \in \mathbf{N} \right\} \cup \{0\} \cup \{1\}$$

而由 A 的取法可知：$\bar{A} = [0,1]$. 设 $\Theta(x)$ 在 $x_0 \in (0,1)$ 处不连续，由于 $\Theta(x)$ 单调递增，则开区间 $(\Theta_-(x_0), \Theta(x_0))$ 或 $(\Theta(x_0), \Theta_+(x_0))$ 至少其中之一非空. 这里的 $\Theta_{\pm}(x_0)$ 分别是 $\Theta(x)$ 在 x_0 的左、右极限. 从而此区间不属于 $\Theta(x)$ 的值域，与 $\bar{A} = [0,1]$ 矛盾.

进一步地，由于 $\Theta(x)$ 在集合 G 上分段取常数，而 $[0,1]\backslash G$ 是零测集，从而可得：

$$(L)\int_{[0,1]} \Theta'(x)\mathrm{d}x = 0 < \Theta(1) - \Theta(0) = 1$$

上例说明即便给定一个函数单调且处处连续，也无法保证其导函数满足牛顿—莱布尼兹公式. 要想此公式成立，需要对目标函数加更强的条件.

> **定义 5.4 (绝对连续函数)**
>
> 设 $F(x)$ 是 $[a,b]$ 上的函数，若 $\forall \varepsilon > 0, \exists \delta > 0$，使得对 $[a,b]$ 中的任意有限个互不相交的开区间 $(a_i, b_i), (i = 1, 2, \cdots k)$，当 $\sum_{i=1}^{k}(b_i - a_i) < \delta$ 时，$\sum_{i=1}^{k}|F(b_i) - F(a_i)| < \varepsilon$，则称 $F(x)$ 是 $[a,b]$ 上的绝对连续函数. ♣

性质 [7] 区间 $[a,b]$ 上的绝对连续函数是一致连续函数，但是一致连续函数不一定是绝对连续函数.

例题 5.3 康托函数在 $[0,1]$ 上连续，从而在 $[0,1]$ 上一致连续，但不是绝对连续函数.

证明 这只说明 $\Theta(x)$ 在 $[0,1]$ 上不是绝对连续函数. 事实上，首先延拓 $\Theta(x)$

$$\tilde{\Theta}(x) = \begin{cases} \Theta(1), & x > 1 \\ \Theta(x), & x \in [0,1] \\ \Theta(0), & x < 0 \end{cases}$$

由于 $m([0,1]\backslash G) = 0$，从而 $\forall \delta > 0$ 存在开区间列 $I^k = (x_k, y_k)$ 使得 $([0,1]\backslash G) \subset \bigcup_{k \in \mathbf{N}} I^k$ 且 $m\left(\bigcup_{k=1}^{\infty} |I^k|\right) < \delta$.

注意到 $([0,1]\backslash G)$ 是闭集, 从而由有限覆盖定理: 存在 N_0, 使得 $([0,1]\backslash G) \subset \bigcup\limits_{k=1}^{N_0} I^k$, 且 $\sum\limits_{i=1}^{l} |y_i - x_i| < \delta$. 而此时,

$$\sum_{i=1}^{l} |\Theta(y_i) - \Theta(x_i)| = 1$$

性质 [8]   绝对连续函数是有界变差函数.

证明   取 $\varepsilon = 1$, 由 $f(x)$ 在 $[a,b]$ 上是绝对连续函数. 则 $\exists \delta > 0$, 当 $(x_i, y_i) \subset [a,b] \, (i = 1, \cdots, k)$ 两两互不相交且 $\sum\limits_{i=1}^{k} (y_i - x_i) < \delta$ 时, 有 $\sum\limits_{i=1}^{k} |f(y_i) - f(x_i)| < 1$.

对 $[a,b]$ 作 k 等分, 当取 k 充分大, 可使得 $\frac{b-a}{k} < \delta$. 则在 $[x_{i-1}, x_i]$ 上有 $V_{x_{i-1}}^{x_i}(f) < 1$, 从而 $V_a^b(f) = \sum\limits_{i=1}^{k} V_{x_{i-1}}^{x_i}(f) < k < +\infty$.

性质 [9]   设 $f(x)$、$g(x)$ 是 $[a,b]$ 上的绝对连续函数, 则 $f(x) \cdot g(x)$ 是 $[a,b]$ 上的绝对连续函数; 对于任意实数 c_1、c_2, 函数 $c_1 f(x) + c_2 g(x)$ 是 $[a,b]$ 上的绝对连续函数.

证明   证明略.

命题 5.4 (积分变上限函数是绝对连续函数)

若 $f(x)$ 在区间 $[a,b]$ 上勒贝格可积, 则 $\forall x \in [a,b]$. 若 $F(x) = \int_a^x f(t)\mathrm{d}t$, 则 $F(x)$ 是 $[a,b]$ 上的绝对连续函数. ♠

证明   前面已经证明了可积函数有积分绝对连续性. 由 $F(x) = \int_a^x f(t)\mathrm{d}t$, 则 $\forall \varepsilon > 0, \exists \delta > 0$, 当 $mE < \delta$ 时, $\int_E |f(x)|\mathrm{d}x < \varepsilon$. 当 $(x_i, y_i) \subset [a,b]$ 两两互不相交, 并满足 $\sum\limits_{i=1}^{k} (y_i - x_i) < \delta$ 时,

$$\sum_{i=1}^{k} |F(y_i) - F(x_i)| = \sum_{i=1}^{k} \left| \int_{x_i}^{y_i} f(t)\mathrm{d}t \right| \leqslant \int_{\bigcup\limits_{i=1}^{k} (x_i, y_i)} |f(t)|\mathrm{d}t < \varepsilon$$

命题 5.5

若 $F(x)$ 是 $[a,b]$ 上的绝对连续函数, 且在 $[a,b]$ 上 $F'(x) = 0$, a.e., 则 $F(x)$ 为常数. ♠

证明   对 $\forall c \in (a,b]$, 下面证明 $F(c) = F(a)$.

1. 对 $\forall x \in (a,c)$, 由于 $F'(x) = 0$ a.e.$[a,c]$, 则由导数的定义: $\forall \varepsilon > 0$ 当 $|h_x|$ 充分小时:

$$|F(x + h_x) - F(x)| < \frac{\varepsilon |h_x|}{2(c-a)} \tag{5.15}$$

2. 另外，由于 $F(x)$ 在 $[a,b]$ 上绝对连续，对 $\forall \varepsilon > 0, \exists \delta > 0$，当两两互不相交的区间列 (x_i, y_i) 满足 $E = \bigcup\limits_{i=1}^{k}(x_i, y_i) \subset [a,b]$ 且 $mE < \delta$ 时，

$$\sum_{i=1}^{k}|F(y_i) - F(x_i)| < \frac{\varepsilon}{2} \tag{5.16}$$

由于 $\{[x, x+h_x]\}$ 构成了 (a,c) 的 V–覆盖，从而对于上述的 δ，存在 $p(\delta)$ 个互不相交的区间组 $[x_i, x_i+h_i]$ 使得 $m\left[(a,c) - \bigcup\limits_{i=1}^{p}(x_i, x_i+h_i)\right] < \delta$. 将 $\{x_i\}_{i=1,\cdots,p}$ 按顺序排列为：

$$a = x_0 \leqslant x_1 < x_1 + h_1 < x_2 < x_2 + h_2 < \cdots < x_p < x_p + h_p \leqslant x_{p+1} = c$$

记 $h_0 = 0$，由 (5.15) 式得：

$$|F(x_i + h_i) - F(x_i)| < \frac{\varepsilon|h_i|}{2(c-a)} \tag{5.17}$$

从而由 $F(x)$ 的绝对连续性得：

$$\sum_{i=0}^{p}|F(x_{i+1}) - F(x_i + h_i)| < \frac{\varepsilon}{2} \tag{5.18}$$

结合 (5.17) 式和 (5.18) 式得：

$$0 < |F(c) - F(a)| \leqslant \sum_{i=1}^{p}|F(x_i + h_i) - F(x_i)| + \sum_{i=0}^{p}|F(x_{i+1}) - F(x_i + h_i)| < \varepsilon$$

注意到 $\forall \varepsilon > 0$，上式均成立，从而得 $F(c) = F(a)$.

注 与拉格朗日中值定理比较来看，区别在于 $F'(x) \overset{\text{a.e.}}{=\!=\!=} 0$. 本性质相当于拉格朗日中值定理的推广.

> **定理 5.4 (微积分基本定理：牛顿—莱布尼兹公式)**
>
> 设 $F(x)$ 是 $[a,b]$ 上绝对连续函数，则 $F(x)$ 在 $[a,b]$ 上几乎处处可导，且导函数 $F'(x)$ 在 $[a,b]$ 上勒贝格可积，且 $\int_a^x F'(t)\mathrm{d}t = F(x) - F(a)$. ♡

证明 由于 $F(x)$ 在 $[a,b]$ 上是绝对连续函数，则其是 $[a,b]$ 上有界变差函数，从而在 $[a,b]$ 上几乎处处可导，且 $(L)\int_a^x F'(t)\mathrm{d}t \leqslant V_a^x(F) < +\infty$.

记 $G(x) = \int_a^x F'(t)\mathrm{d}t$，及 $H(x) = F(x) - G(x)$. 则由命题 5.3 得，$H(x)$ 是 $[a,b]$ 上绝对连续函数，且

$$H'(x) = F'(x) - G'(x) = 0, \quad \text{a.e.}[a,b]$$

由命题 5.5 得 $H(x) = C$(常数)，即得

$$\int_a^x F'(t)\mathrm{d}t = F(x) + C$$

应注意到 $\int_a^a F'(t)\mathrm{d}t = 0$，从而 $C = -F(a)$.

注　结合命题 5.4，若 $F(x)$ 是 $[a,b]$ 上绝对连续函数的充要条件是 $F(x)$ 可表示为一个可积函数的变限积分.

5.3.1　勒贝格积分的分部积分运算及换元法

命题 5.6 (勒贝格积分的分部积分公式)

设 $f(x)$、$g(x)$ 在 $[a,b]$ 上是绝对连续函数，则

$$(L)\int_a^b f(x)g'(x)\mathrm{d}x = f(x)g(x)\big|_a^b - \int_a^b f'(x)g(x)\mathrm{d}x \tag{5.19}$$

♠

证明　由题设得 $f(x)\cdot g(x)$ 在 $[a,b]$ 上是绝对连续函数，从而 $f(x)\cdot g(x)$ 在 $[a,b]$ 上几乎处处可导. 且

$$
\begin{aligned}
(f(x)\cdot g(x))' &= \lim_{h\to 0}\frac{f(x+h)g(x+h) - f(x)g(x)}{h}\\
&= \lim_{h\to 0}\left(\frac{[f(x+h)-f(x)]g(x+h)}{h} + \frac{[g(x+h)-g(x)]f(x)}{h}\right)\\
&\overset{\text{a.e.}}{=\joinrel=\joinrel=} f'(x)g(x) + f(x)g'(x)
\end{aligned}
$$

由定理 5.4 便可得结论.

命题 5.7 (勒贝格积分的换元法)

设 $f(x)$ 在 $[a,b]$ 上勒贝格可积，$g(t)$ 是定义在 $[\alpha,\beta]$，值域在 $[a,b]$ 上严格单调的绝对连续函数，且 $a = g(\alpha), b = g(\beta)$. 则有

$$(L)\int_{[a,b]} f(x)\mathrm{d}x = \int_{[\alpha,\beta]} f(g(t))g'(t)\mathrm{d}t \tag{5.20}$$

♠

证明　$\forall x \in [a,b]$，记 $F(x) = \int_{[a,x]} f(t)\mathrm{d}t$，$x = g(t)$ 及 $t = g^{-1}(x)$. 由于 $g(t)$ 严格单调且绝对连续，则 $mE\{t|t\in[\alpha,\beta], g'(t) = 0\} = 0$. 若不然，由命题 5.5 可得 $g(x)$ 在 E 上为常数，这与 $g(x)$ 的严格单调性矛盾.

记 $G(t) = \int_\alpha^{g^{-1}(x)} f(g(\tau))g'(\tau)\mathrm{d}\tau = \int_\alpha^t f(g(\tau))g'(\tau)\mathrm{d}\tau$，则其是绝对连续函数，且

$$
\begin{aligned}
\left[\int_a^x f(t)\mathrm{d}t - \int_a^{g^{-1}(x)} f(g(t))g'(t)\mathrm{d}t\right]' &\overset{\text{a.e.}}{=\joinrel=\joinrel=} f(x) - f(g(g^{-1}(x)))\cdot g'(g^{-1}(x))\cdot (g^{-1}(x))'\\
&\overset{\text{a.e.}}{=\joinrel=\joinrel=} f(x) - f(x)\cdot g'(t)\frac{1}{g'(t)} \overset{\text{a.e.}}{=\joinrel=\joinrel=} 0
\end{aligned}
$$

即 $\int_a^x f(x)\mathrm{d}x = \int_\alpha^{g^{-1}(x)} f(g(\tau))g'(\tau)\mathrm{d}\tau + C_0$. 其中 C_0 是常数, 而当 $x = a$ 时, $g^{-1}(a) = \alpha$, 得 $C_0 = 0$.

由 $g^{-1}(b) = \beta$, 则 $\int_a^b f(x)\mathrm{d}x = \int_\alpha^\beta f(g(t))g'(t)\mathrm{d}t$.

习题 3

✍ **练习 5.11** 证明 $\forall \alpha > 0$, 在 $[0, +\infty)$ 的任意有限区间上 x^α 是绝对连续函数.

✍ **练习 5.12** 讨论函数 $f(x) = x^\alpha \sin\frac{1}{x^\beta}$, $(\alpha, \beta > 0)$ 在区间 $[0,1]$ 上的绝对连续性.

✍ **练习 5.13** 证明单调函数 $[a,b]$ 上的是绝对连续函数的充要条件: $\forall x < y$ 且 $x, y \in [a,b]$ 时, $\int_x^y f'(t)\mathrm{d}t = f(y) - f(x)$.

✍ **练习 5.14** 若 $f(x)$ 在 $[a,b]$ 上是绝对连续函数, 且当 $x \in [a,b]$ 时, $f'(x)$ 几乎处处非负, 试证明 $f(x)$ 是 $[a,b]$ 上的单调增函数.

✍ **练习 5.15** 设 $f(x)$ 在 $[a,b]$ 上满足李普希茨（Lipschitz）条件, 即 $\exists M$（常数）使得

$$|f(x_1) - f(x_2)| \leqslant M |x_1 - x_2|, \ \forall x_1, x_2 \in [a,b]$$

证明 $f(x)$ 在 $[a,b]$ 上绝对连续, 且 $|f'(x)| \leqslant M$, a.e.$[a,b]$.

✍ **练习 5.16** 设 $\{g_k\}_{k\in\mathbf{N}}$ 是 $[a,b]$ 上绝对连续函数列, $|g'_k(x)| \leqslant F(x)$, a.e.$[a,b]$, 且 F 在 $[a,b]$ 上勒贝格可积. 当 $g_k(x) \xrightarrow{\text{a.e.}} g(x)$, $g'_k(x) \xrightarrow{\text{a.e.}} f(x)$ 时, 证明 $g'(x) = f(x)$, a.e.$[a,b]$.

✍ **练习 5.17** 设 $f(x)$、$g(x)$ 都是 $[a,b]$ 上定义的绝对连续函数, 则 $f(x) \cdot g(x)$ 是 $[a,b]$ 上的绝对连续函数; 对于任意实数 c_1, c_2, 函数 $c_1 f(x) + c_2 g(x)$ 是 $[a,b]$ 上的绝对连续函数.

✍ **练习 5.18** 设 $f(x)$ 是 $[a,b]$ 上的非负绝对连续函数, 则当 $p > 1$ 时 $f^p(x)$ 在 $[a,b]$ 上是绝对连续函数.

✍ **练习 5.19** 设 $f(x)$ 是 $[a,b]$ 上严格单调增的绝对连续函数, $g(y)$ 为定义在 $[f(a), f(b)]$ 上的绝对连续函数. 证明 $g(f(x))$ 在 $[a,b]$ 上是绝对连续函数.

✍ **练习 5.20** 设 $g(x)$ 是 $[a,b]$ 上的绝对连续函数, $f(x)$ 为 $\mathbf{R}$ 上满足李普希茨条件的函数. 证明 $f(g(x))$ 在 $[a,b]$ 上是绝对连续函数.

✍ **练习 5.21** 证明下列函数是绝对连续的:

(1) 闭区间 $[a,b]$ 上处处可微且导函数有界的函数;

(2) 闭区间上的凸函数, 并在 a、b 端点处分别右、左连续（即 f: $\forall x, x' \in [a,b]$, 当 $\alpha, \beta > 0$ 且 $\alpha + \beta = 1$ 时 $f(\alpha x + \beta x') \leqslant \alpha f(x) + \beta f(x')$）.

第 6 章 L^p 空间

在介绍可测函数类及勒贝格可积函数类的基础上，本章将介绍一种在微分方程、积分方程等领域有广泛应用的函数空间：$L^p(1 \leqslant p \leqslant \infty)$ 空间，并对其性质做一些初步介绍.

6.1 L^p 空间的定义

> **定义 6.1 (L^p 空间及范数)**
>
> 令 $E \subset \mathbf{R}^n$ 为可测集，$f(x)$ 是定义在 E 上的可测函数.
>
> (1) 当 $1 \leqslant p < \infty$ 时，若 $(\int_E |f(x)|^p \mathrm{d}x)^{\frac{1}{p}} \triangleq \|f\|_{L^p(E)} < +\infty$，则称 $f(x)$ 是 L^p 可积的函数. 由所有 L^p 可积函数组成的集合称作为 $L^p(E)$ 空间.
>
> **注** 当 $p = 1$ 时（$L^1(E)$ 空间），即为可测集 E 上勒贝格可积的函数类.
>
> (2) 当 $p = \infty$ 时，若存在常数 $M \geqslant 0$ 使得：$|f(x)| \leqslant M \,(\mathrm{a.e.} E)$，则称 $f(x)$ 是集合 E 上本性有界函数，M 称为 $f(x)$ 在 E 上的本性上界. 对所有本性上界取下确界，称为本性上确界，记作 $\|f(x)\|_{L^{\infty}(E)}$. 所有本性有界函数全体组成的集合，称为 $L^{\infty}(E)$ 空间.
>
> (3) 称上述的非负实数 $\|f(x)\|_{L^p(E)}$ 为函数 $f(x)$ 在集合 E 上的 L^p 范数. ♣

注 事实上可以取 $0 < p \leqslant \infty$. 但是 $1 \leqslant p \leqslant \infty$ 有更大应用价值，我们后面只讨论 $p \geqslant 1$ 的情形.

性质 [1] 若 $1 \leqslant p \leqslant \infty$，$f(x)$、$g(x) \in L^p(E)$，则对于 $\forall a, b \in \mathbf{C}$（复数集），$af(x) + bg(x) \in L^p(E)$.

证明 对于 $a \in \mathbf{C}$ 则 $(\int_E |af(x)|^p \mathrm{d}x)^{\frac{1}{p}} = |a|(\int_E |f(x)|^p \mathrm{d}x)^{\frac{1}{p}} < \infty$. 进一步地，当 $p \geqslant 1$ 时，由不等式 $\left|\frac{f(x)+g(x)}{2}\right|^p \leqslant |f(x)|^p + |g(x)|^p$，可得：

$$\left(\int_E |af(x) + bg(x)|^p \mathrm{d}x\right)^{\frac{1}{p}} \leqslant 2\left(\int_E |af(x)|^p + |bg(x)|^p \mathrm{d}x\right)^{\frac{1}{p}}$$

$$\leqslant 2|a|\left(\int_E |f(x)|^p \mathrm{d}x\right)^{\frac{1}{p}} + 2|b|\left(\int_E |g(x)|^p \mathrm{d}x\right)^{\frac{1}{p}} < \infty$$

注 这个性质说明了函数集合 $L^p(E)$ 中的元素关于线性运算封闭，构成了一个线性空间.

性质 [2]　当 $mE < \infty$, 且 $\forall p \in [1, \infty]$, $f(x) \in L^p(E)$. 则 $\lim\limits_{p \to \infty} \|f\|_{L^p(E)} = \|f\|_{L^\infty(E)}$.

证明　记 $M = \|f\|_{L^\infty(E)}$, 则有 $\|f\|_{L^p(E)} = (\int_E |f(x)|^p \mathrm{d}x)^{\frac{1}{p}} \leqslant M \cdot (mE)^{\frac{1}{p}}$. 令 $p \to \infty$ 则有

$$\varliminf_{p \to \infty} \|f\|_{L^p(E)} \leqslant M \tag{6.1}$$

对任意 $0 < c < 1$, 记集合 $A = \{x \in E \mid |f(x)| > c \cdot M\}$, 则

$$\|f\|_{L^p(E)} = \left(\int_E |f(x)|^p \mathrm{d}x \right)^{\frac{1}{p}} \geqslant \left(\int_A |f(x)|^p \mathrm{d}x \right)^{\frac{1}{p}} \geqslant c \cdot M \cdot (mA)^{\frac{1}{p}}$$

令 $p \to \infty$, 则有 $\varliminf\limits_{p \to \infty} \|f\|_{L^p(E)} \geqslant c \cdot M$. 令 $c \to 1^-$, 得:

$$\varliminf_{p \to \infty} \|f\|_{L^p(E)} \geqslant M \tag{6.2}$$

结合 (6.1) 式和 (6.2) 式得

$$M \leqslant \varliminf_{p \to \infty} \|f\|_{L^p(E)} \leqslant \varlimsup_{p \to \infty} \|f\|_{L^p(E)} \leqslant M$$

在进一步分析 L^p 空间性质之前, 给出以下两个重要的积分不等式: 霍得 (Hölder) 不等式与闵可夫斯基 (Minkowski) 不等式.

定义 6.2 (相伴数)

对 $1 \leqslant p \leqslant \infty$, 令实数 q 满足 $\frac{1}{p} + \frac{1}{q} = 1$ (其中规定: 当 $p = 1$ 时 $q = \infty$; 当 $p = \infty$ 时 $q = 1$), 称 p, q 为相伴数. ♣

命题 6.1 [霍得 (Hölder) 不等式]

若 $1 \leqslant p, q \leqslant \infty$ 是一对相伴数, $f(x) \in L^p(E)$ 且 $g(x) \in L^q(E)$, 则有

$$\int_E |f(x)g(x)| \mathrm{d}x \leqslant \left(\int_E |f(x)|^p \mathrm{d}x \right)^{\frac{1}{p}} \cdot \left(\int_E |g(x)|^q \mathrm{d}x \right)^{\frac{1}{q}}$$

♠

证明　当 p, q 任一为 ∞ 时, 由 ∞ 范数的定义知上式是显然的. 而若 $\|f(x)\|_{L^p(E)} = 0$ 或 $\|g(x)\|_{L^q(E)} = 0$, 则 $f(x)g(x) = 0$, a.e.E, 从而也成立.

下面只用证明 $0 < \|f(x)\|_{L^p(E)} < \infty$ 且 $0 < \|g(x)\|_{L^q(E)} < \infty$ 时结论成立. 注意到

$$a^{\frac{1}{p}} b^{\frac{1}{q}} \leqslant \frac{a}{p} + \frac{b}{q} ^{①} \text{ 当 } \frac{1}{p} + \frac{1}{q} = 1, \ p, q < \infty; \ a, b > 0 \text{ 时}$$

---

①这里用到函数 e^x 的凸性, 从而对于 $a, b > 0$, $p, q > 1$, 且 $\frac{1}{p} + \frac{1}{q} = 1$ 时有:

$$a^{\frac{1}{p}} b^{\frac{1}{q}} = \mathrm{e}^{\frac{1}{p} \ln a + \frac{1}{q} \ln b} \leqslant \frac{1}{p} \mathrm{e}^{\ln a} + \frac{1}{q} \mathrm{e}^{\ln b} = \frac{a}{p} + \frac{b}{q}$$

取 $a = \frac{|f(x)|^p}{\int_E |f(x)|^p \mathrm{d}x}$ 及 $b = \frac{|g(x)|^q}{\int_E |g(x)|^q \mathrm{d}x}$，代入上式得：

$$\frac{|f(x)g(x)|}{\left(\int_E |f(x)|^p \mathrm{d}x\right)^{\frac{1}{p}} \left(\int_E |g(x)|^q \mathrm{d}x\right)^{\frac{1}{q}}} \leqslant \frac{1}{p} \frac{|f(x)|^p}{\int_E |f(x)|^p \mathrm{d}x} + \frac{1}{q} \frac{|g(x)|^q}{\int_E |g(x)|^p \mathrm{d}x} \tag{6.3}$$

对 (6.3) 式在集合 E 上求积分便可得.

注　特别地，当 $p = q = 2$ 时，霍得不等式的特殊形式为：

$$\int_E |f(x)g(x)| \mathrm{d}x \leqslant \left(\int_E |f(x)|^2 \mathrm{d}x\right)^{\frac{1}{2}} \cdot \left(\int_E |g(x)|^2 \mathrm{d}x\right)^{\frac{1}{2}}$$

也称为 Schwarz 不等式.

命题 6.2 [闵可夫斯基 (Minkowski) 不等式]

　　若 $f(x)$、$g(x) \in L^p(E)$ $(1 \leqslant p \leqslant \infty)$. 则 $\|f(x) + g(x)\|_{L^p(E)} \leqslant \|f(x)\|_{L^p(E)} + \|g(x)\|_{L^p(E)}$.

证明　当 $p = 1$ 或 $p = \infty$ 时，由初等的绝对值不等式即可得到结果.

下面只用证明 $1 < p < \infty$ 时成立即可.

不妨设 $\int_E |f(x) + g(x)|^p \mathrm{d}x > 0$，否则可得 $f(x) = -g(x)$, a.e.E. 则结论显然成立.
由于

$$\int_E |f(x) + g(x)|^p \mathrm{d}x \leqslant \int_E |f(x) + g(x)|^{p-1} |f(x)| \mathrm{d}x + \int_E |f(x) + g(x)|^{p-1} |g(x)| \mathrm{d}x$$

由霍得不等式得：

$$\int_E |f(x) + g(x)|^{p-1} |f(x)| \mathrm{d}x \leqslant \left(\int_E |f(x) + g(x)|^{(p-1)\frac{p}{p-1}} \mathrm{d}x\right)^{\frac{p-1}{p}} \cdot \left(\int_E |f(x)|^p \mathrm{d}x\right)^{\frac{1}{p}}$$

$$= \|f(x) + g(x)\|_{L^p(E)}^{p-1} \|f(x)\|_{L^p(E)}$$

类似地，$\int_E |f(x) + g(x)|^{p-1} |g(x)| \mathrm{d}x \leqslant \|f(x) + g(x)\|_{L^p(E)}^{p-1} \|g(x)\|_{L^p(E)}$，从而得：

$$\|f(x) + g(x)\|_{L^p(E)}^p = \int_E |f(x) + g(x)|^p \mathrm{d}x \leqslant \|f(x) + g(x)\|_{L^p(E)}^{p-1} (\|f(x)\|_{L^p(E)} + \|g(x)\|_{L^p(E)})$$

注　当 $0 < p < 1$ 时，可以得到反向的闵可夫斯基不等式：$\|f(x) + g(x)\|_{L^p(E)} \geqslant \|f(x)\|_{L^p(E)} + \|g(x)\|_{L^p(E)}$. 正向闵可夫斯基不等式可以看作：三角形两边之和大于第三边，其主要反映了空间的"凸性"，是微分方程可解的重要条件. 这也是 $p > 1$ 时的 L^p 空间更受到关注的缘故.

性质 [3]　令 $mE < \infty$，对 $1 \leqslant p_1 < p_2 \leqslant \infty$，若 $f(x) \in L^{p_2}(E)$ 则 $f(x) \in L^{p_1}(E)$. 即当 $0 \leqslant mE < \infty$ 时，$L^{p_2}(E) \subset L^{p_1}(E)$.

证明　当 $p_2 = \infty$ 时是显然的，后面不妨设 $p_2 < \infty$. 记 $r = \frac{p_2}{p_1}$，则 $r > 1$. 由霍得不等

式可得:

$$\int_E |f(x)|^{p_1} \mathrm{d}x = \int_E \left(|f(x)|^{p_1} \cdot 1\right) \mathrm{d}x \leqslant \left(\int_E |f(x)|^{p_1 \cdot \frac{p_2}{p_1}} \mathrm{d}x\right)^{\frac{p_1}{p_2}} \cdot \left(\int_E 1 \mathrm{d}x\right)^{\left(1 - \frac{p_1}{p_2}\right)}$$

$$= \left(\int_E |f(x)|^{p_2} \mathrm{d}x\right)^{\frac{p_1}{p_2}} \cdot mE^{\left(1 - \frac{p_1}{p_2}\right)}$$

则由上式得

$$\left(\int_E |f(x)|^{p_1} \mathrm{d}x\right)^{\frac{1}{p_1}} \leqslant \left(\int_E |f(x)|^{p_2} \mathrm{d}x\right)^{\frac{1}{p_2}} \cdot mE^{\left(\frac{1}{p_1} - \frac{1}{p_2}\right)} < +\infty$$

注 此性质讨论了两个函数空间 $L^{p_1}(E)$ 与 $L^{p_2}(E)$ 在 $mE < \infty$ 时的包含关系, 后续课程中这类关系又称为嵌入. 本结论在 $mE = \infty$ 时不成立, 例如 $f(x) = \frac{1}{\sqrt{x}} \in L^4(1, \infty)$, 但是 $\frac{1}{\sqrt{x}} \notin L^2(1, \infty)$.

性质 [4] 若 $f(x) \in L^r(E) \cap L^s(E)$, 其中 $1 \leqslant r < s \leqslant \infty$. 则当 p 满足 $r < p < s \leqslant +\infty$, $0 < \lambda < 1$, $\frac{1}{p} = \frac{\lambda}{r} + \frac{1-\lambda}{s}$ 时, $\|f\|_{L^p(E)} \leqslant \|f\|_{L^r(E)}^{\lambda} \|f\|_{L^s(E)}^{1-\lambda}$ 成立, 并且 $\|f\|_{L^p(E)} \leqslant \max\{\|f\|_{L^r(E)}, \|f\|_{L^s(E)}\}$.

证明 首先当 $r < s < \infty$ 时, 由于 $\lambda p < r$ 且 $s = (1-\lambda)\frac{rp}{r - \lambda p}$, 得:

$$\int_E |f(x)|^p \mathrm{d}x = \int_E |f(x)|^{\lambda p} \cdot |f(x)|^{(1-\lambda)p} \mathrm{d}x$$

$$\leqslant \left(\int_E |f(x)|^r \mathrm{d}x\right)^{\frac{\lambda p}{r}} \cdot \left(\int_E |f(x)|^{(1-\lambda)\frac{rp}{r-\lambda p}} \mathrm{d}x\right)^{\frac{r-\lambda p}{r}}$$

代入 λ 的关系即得.

当 $r < s = \infty$, 此时 $p = \frac{r}{\lambda}$, 从而得:

$$\int_E |f(x)|^p \mathrm{d}x = \|f\|_{L^\infty(E)}^{p-r} \int_E |f(x)|^r \mathrm{d}x \leqslant \left(\int_E |f(x)|^r \mathrm{d}x\right) \cdot \|f\|_{L^\infty(E)}^{p(1-\lambda)}$$

注 这个性质在后续也被称为插值性质, 即中间的空间范数被两端的范数组合控制. 此时并不需要 $mE < +\infty$.

习题 1

✎ **练习 6.1** 设 $f(x) \in L^p(E)$ 及 $g(x) \in L^q(E)$, 其中 $\frac{1}{p} + \frac{1}{q} = \frac{1}{r}$, $1 \leqslant p, q, r < \infty$. 证明 $\|f(x)g(x)\|_{L^r(E)} \leqslant \|f(x)\|_{L^p(E)} \cdot \|g(x)\|_{L^q(E)}$.

✎ **练习 6.2** 设 $f_i(x) \in L^{p_i}(E)$ $(i = 1, 2, 3)$, 其中 $1 \leqslant p_i \leqslant \infty$ 且 $\frac{1}{p_1} + \frac{1}{p_2} + \frac{1}{p_3} = 1$. 证明 $\left|\int_E f_1(x)f_2(x)f_3(x)\mathrm{d}x\right| \leqslant \|f_1(x)\|_{L^{p_1}(E)} \|f_2(x)\|_{L^{p_2}(E)} \|f_3(x)\|_{L^{p_3}(E)}$.

✎ **练习 6.3** 举例说明存在这样的函数 $f(x)$:

(1) 对某个 $p(1 < p < \infty)$, $f(x) \in L^p([1, \infty))$, 但是对于 $\forall \delta > 0$, $f(x) \notin L^{p+\delta}([1, \infty))$;

(2) 对某个 $p(1 < p < \infty)$, $f(x) \in L^p([1,\infty))$, 但是对于 $\forall \delta > 0$, $f(x) \notin L^{p-\delta}([1,\infty))$.

✍ 练习 6.4 设 $1 \leqslant p < q < \infty$, $mE < \infty$. 若 $\lim\limits_{k\to\infty} \|f_k(x) - f(x)\|_{L^q(E)} = 0$, 证明 $\lim\limits_{k\to\infty} \|f_k(x) - f(x)\|_{L^p(E)} = 0$.

✍ 练习 6.5 设 $mE < +\infty$, $\{f_k(x)\}_{k\in\mathbf{N}} \subset L^1(E) \cap L^\infty(E)$, $f(x) \in L^1(E) \cap L^\infty(E)$. 若 $\sup\limits_{k\geqslant 1}\{\|f_k(x)\|_{L^\infty(E)}\} < \infty$ 且 $\|f_k(x) - f(x)\|_{L^1(E)} \to 0$, 证明: $\forall p > 1$, $\|f_k(x) - f(x)\|_{L^p(E)} \to 0$.

6.2 L^p 空间的结构及 L^p 空间中函数列的强收敛

前面的性质已经说明: 从代数结构上看函数集合 $L^p(E)$ 构成了线性空间. 进一步地, 下面将刻画此函数集合的拓扑结构, 为此先引入距离的定义.

> **定义 6.3 (距离)**
>
> 对于非空集合 X 中的任何两个元素 x,y, 如果存在非负实数 $d(x,y)$ 满足
> (1) 非负性: $d(x,y) \geqslant 0$, $d(x,y) = 0$ 的充要条件是 $x = y$;
> (2) 对称性: $d(x,y) = d(y,x)$;
> (3) 三角不等式: $d(x,z) \leqslant d(x,y) + d(y,z)$ $(\forall z \in X)$.
> 则称 X 在 $d(x,y)$ 下构成距离空间. ♣

注 同一个集合上可以定义不同的距离, 其主要是用于刻画集合的拓扑结构; 同一个集合, 在不同的"距离"度量下, 构成不同的距离空间.

> **定理 6.1 (L^p 按范数构成距离空间)**
>
> 对于 $f(x)$、$g(x) \in L^p(E)$, 定义 $d(f(x), g(x)) = \|f(x) - g(x)\|_{L^p(E)}$ $(1 \leqslant p \leqslant \infty)$. 则 $d(f(x), g(x))$ 构成线性函数空间 $L^p(E)$ 的一个距离; $(L^p(E), d)$ 构成一个距离空间. ♡

证明 当 $f(x)$、$g(x) \in L^p(E)$ 时, 则 $d(g(x), f(x)) = d(f(x), g(x)) \geqslant 0$ 显然成立, 且 $d(f(x), g(x)) = 0$ 当且仅当 $f(x) = g(x)$ (a.e.E). 而由闵可夫斯基不等式得, $d(f(x), g(x)) \leqslant d(f(x), h(x)) + d(h(x), g(x))$ 结论得证.

当函数空间 $L^p(E)$ 上定义了距离后, 便可以定义如下函数序列的收敛关系.

> **定义 6.4 (L^p 中函数列的强收敛)**
>
> 令 $f_k(x) \in L^p(E)$ $(k \in \mathbf{N})$. 若存在 $f(x) \in L^p(E)$ 使得 $\lim\limits_{k\to\infty} d(f_k(x), f(x)) = \lim\limits_{k\to\infty} \|f_k(x) - f(x)\|_{L^p(E)} = 0$, 则称 $f_k(x)$ 在 $L^p(E)$ 中强收敛于 $f(x)$. ♣

注 由三角不等式（两边之差小于第三边）得：

$$\left| \|f_k(x)\|_{L^p(E)} - \|f(x)\|_{L^p(E)} \right| \leqslant \|f_k(x) - f(x)\|_{L^p(E)} \tag{6.4}$$

从而当 $f_k(x)$ 强收敛于 $f(x)$ 时，可以推出范数序列 $\|f_k(x)\|_{L^p(E)}$ 收敛到 $\|f(x)\|_{L^p(E)}$. 即在 $L^p(E)$ 空间中强收敛蕴含着范数列的收敛.

性质[5] (强收敛极限的唯一性) 若 $\lim\limits_{k\to\infty} \|f_k(x) - f(x)\|_{L^p(E)} = 0$ 且 $\lim\limits_{k\to\infty} \|f_k(x) - g(x)\|_{L^p(E)} = 0$, 则 $f(x) \overset{\text{a.e.}E}{=\!=\!=} g(x)$.

证明 由三角不等式得：$0 \leqslant \|f(x) - g(x)\|_{L^p(E)} \leqslant \|f_k(x) - g(x)\|_{L^p(E)} + \|f_k(x) - f(x)\|_{L^p(E)}$. 令 $k \to \infty$ 得：

$$\|f(x) - g(x)\|_{L^p(E)} = 0, \text{ 从而 } f(x) \overset{\text{a.e.}E}{=\!=\!=} g(x)$$

命题 6.3 (强收敛与依测度收敛、几乎处处收敛的关系)

若 $f_k(x)$、$f(x) \in L^p(E)$, 且 $1 \leqslant p < \infty$, $f_k(x)$ 在 $L^p(E)$ 中强收敛到 $f(x)$, 则

(1) $\{f_k(x)\}_{k\in\mathbf{N}}$ 在 E 上依测度收敛到 $f(x)$;

(2) 存在子函数列 $\{f_{k_i}(x)\}_{k\in\mathbf{N}}$ 在 E 上几乎处处收敛到 $f(x)$. ♠

证明 对于 $\forall \sigma > 0$, 记 $E_\sigma = E[|f_k(x) - f(x)| \geqslant \sigma]$, 则由切比雪夫不等式可得：

$$\int_E |f_k(x) - f(x)|^p \mathrm{d}x \geqslant \int_{E_\sigma} |f_k(x) - f(x)|^p \mathrm{d}x \geqslant \sigma^p m E_\sigma$$

上式中令 $k \to \infty$, 则得 $m E_\sigma \to 0$.

进一步由里斯定理得：存在子函数列 f_{k_i} 几乎处处收敛到 $f(x)$.

注 上述结论不能改进为函数列自身几乎处处收敛到 $f(x)$, 反例见王声望、郑维行著的《实变函数与泛函分析》. $p = \infty$ 可类似证明.

例题 6.1 (几乎处处收敛及依测度收敛不蕴含强收敛) 令 $f_k(x) = \begin{cases} k, & x \in \left(0, \dfrac{1}{k}\right) \\ 0, & x \in \left[\dfrac{1}{k}, 1\right] \cup \{0\}, \end{cases}$

则在 $[0,1]$ 上 $f_k(x)$ 逐点收敛（也是依测度收敛）到 $f(x) = 0$. 但是

$$\int_{[0,1]} |f_k(x) - f(x)|^2 \mathrm{d}x = \int_{[0,\frac{1}{k}]} |f_k(x)|^2 \mathrm{d}x = \int_{[0,\frac{1}{k}]} k^2 \mathrm{d}x = k \to \infty$$

命题 6.4

设 $m E < \infty$, 若 $\{f_k(x)\}_{k\in\mathbf{N}} \subset L^p(E)$ 在 E 上一致收敛到 $f(x)$, 则 $1 \leqslant p \leqslant \infty$, $\{f_k(x)_{k\in\mathbf{N}}$ 在 $L^p(E)$ 中强收敛到 $f(x)$. ♠

证明略.

> **定义 6.5 [基本列 (柯西 Cauchy 列)]**
>
> 　　设 $f_k(x)(k \in \mathbf{N})$ 是 $L^p(E)$ 中的函数列, 当 $k, i \to \infty$ 时, $\|f_i(x) - f_k(x)\|_{L^p(E)} \to 0$, 则称 $f_k(x)$ 是 $L^p(E)$ 中的基本列. ♣

设 $f_k(x)(k \in \mathbf{N})$ 在 $L^p(E)$ 中的强收敛到 $f(x) \in L^p(E)$, 则当 $k, i \to \infty$ 时

$$\|f_k(x) - f_i(x)\|_{L^p(E)} \leqslant \|f_k(x) - f(x)\|_{L^p(E)} + \|f_i(x) - f(x)\|_{L^p(E)} \to 0 \quad k, i \to \infty \quad (6.5)$$

即说明 $L^p(E)$ 空间中的强收敛列是基本列.

> **定理 6.2**
>
> 　　设函数列 $\{f_k(x)\}_{k \in \mathbf{N}}$ 是 $L^p(E)$ 中的基本列, 则其在 $L^p(E)$ 中强收敛且极限函数 $f(x) \in L^p(E)$. ♡

证明　由于 f_k 是基本列, 从而对于任意自然数 i, 可以选 k_i 使得:

$$\|f_{k_i} - f_{k_{i+1}}\|_{L^p(E)} \leqslant \frac{1}{2^i}, \ i \in \mathbf{N}$$

构造函数项级数 $\sum\limits_{i=1}^{\infty} |f_{k_i} - f_{k_{i+1}}|$, 则其是 E 上的可测函数. 并且由闵可夫斯基不等式得:

$$\left\| \sum_{i=1}^{\infty} |f_{k_i} - f_{k_{i+1}}| \right\|_{L^p(E)} \leqslant \sum_{i=1}^{\infty} \|f_{k_i} - f_{k_{i+1}}\|_{L^p(E)} \leqslant \sum_{i=1}^{\infty} \frac{1}{2^i} = 1 \quad (6.6)$$

得函数项级数 $\sum\limits_{i=1}^{\infty} |f_{k_i} - f_{k_{i+1}}|$ 在 E 上几乎处处绝对收敛. 对绝对收敛的级数重排, 可得:

$$f_{k_1} + \sum_{i=1}^{\infty} (f_{k_{i+1}} - f_{k_i}) \text{ 在 } E \text{ 上几乎处处收敛, 并记其和函数为 } f(x)$$

由 (6.6) 式得 $f(x) \in L^p(E)$. 而根据函数项级数 $f_{k_1} + \sum\limits_{i=1}^{\infty} (f_{k_{i+1}} - f_{k_i})$ 的结构, 其前 i 项部分和为 $f_{k_i}(x)$, 即说明 f_{k_i} 在 E 上几乎处处收敛到 $f(x)$, 从而可记 $f(x) = f_{k_i} + \sum\limits_{j=i}^{\infty} (f_{k_{j+1}} - f_{k_j})$, 并得:

$$\|f_{k_i}(x) - f(x)\|_{L^p(E)} \leqslant \sum_{j=i}^{\infty} \|f_{k_{j+1}} - f_{k_j}\|_{L^p(E)} \leqslant \sum_{j=i}^{\infty} \frac{1}{2^j} = \frac{1}{2^i}$$

上式说明子列 $f_{k_i}(x)$ 在 $L^p(E)$ 上强收敛到 $f(x)$. 由于 $f_k(x)$ 是基本列及闵可夫斯基不等式可得 $f_k(x)$ 在 $L^p(E)$ 上强收敛到 $f(x)$.

注 1　本结论表明 $L^p(E)$ 对极限运算封闭. 相对于实数系完备性的定义, 也把上述的性

质称为 $L^p(E)$ 空间完备.

注 2　当 $p = 2$ 时, L^2 空间上不仅能定义距离, 还可以引入更特殊的几何结构. 这个空间是内积空间的一个重要特例, 在其上可以更清晰地说明傅立叶变化及傅立叶级数的作用. 由于后续"泛函分析"课程中还会进一步展开, 这里就暂略去.

> **定义 6.6 (稠密及可分)**
>
> 　　设集合 X 在距离 $\|\cdot\|_X$ 下构成一个距离空间, $\Gamma \subset X$ 为 X 的子集. 若任意 $f(x) \in X$, 对 $\forall \epsilon > 0$, 存在 $g(x) \in \Gamma$, 使得 $\|f(x) - g(x)\|_X < \varepsilon$, 则称 Γ 在 X 中稠密. 若 X 中存在稠密且可列的子集, 则称集合 X 是可分的. ♣

注　类似于点集 $\mathbf{R}^n$, 其中任何一个元素都可用其一组基表示. 对于完备的距离空间, 引入可分的目的类似于对这类抽象的距离空间找"一组基", 只是这组"基"含有的元素数量是可列多.

> **定理 6.3**
>
> 　　当 $1 \leqslant p < \infty$ 时, $L^p(E)$ 空间是可分的. ♡

证明　本命题证明见周民强编的《实变函数论》. 而 $L^\infty(E)$ 不可分, 证明见江泽坚、孙善利编的《泛函分析》.

习题 2

✍ **练习 6.6**　设 $\{f_k(x)\}_{k \in \mathbf{N}}$ 是 E 上的可测函数列, $F(x) \in L^p(E)\,(1 \leqslant p < \infty)$. 若 $\forall k \in \mathbf{N}$ 有 $|f_k(x)| \leqslant F(x)$ 及 $\lim\limits_{k \to \infty} f_k(x) = f(x)\,(\text{a.e.} E.)$, 证明 $\lim\limits_{k \to \infty} \|f_k(x) - f(x)\|_{L^p(E)} = 0$. 并与例题 6.1 的结论比较, 分析其缘由.

✍ **练习 6.7**　若 $\{f_k(x)\}_{k \in \mathbf{N}}$ 在 E 上按照 $L^p(E)$ 范数强收敛到 $f(x)$, 且 $\{f_k(x)\}_{k \in \mathbf{N}}$ 在 E 上 a.e. 收敛到 $g(x)$, 则 $f(x) \overset{\text{a.e.}}{=\!=} g(x)$.

✍ **练习 6.8**　设 $mE < \infty$, 若 $\{f_k(x)\}_{k \in \mathbf{N}}$ 在 E 上一致收敛到 $f(x)$, 则必有 $\{f_k(x)\}_{k \in \mathbf{N}}$ 在 $L^p(E)\,(1 \leqslant p < \infty)$ 中强收敛到 $f(x)$.

✍ **练习 6.9**　设 $\{f_k(x)\}_{k \in \mathbf{N}} \subset L^p([a,b])\,(1 < p < \infty)$, 且 $\{f_k(x)\}_{k \in \mathbf{N}}$ 在 $L^p([a,b])$ 中强收敛到 $f(x)$. 则对 $a, b \in \mathbf{R}$ 为有限数时, 证明:
$$\lim_{k \to \infty} \int_a^t f_k(x)\mathrm{d}x = \int_a^t f(x)\mathrm{d}x,\ t \in [a,b]$$

✍ **练习 6.10**　设 $\{f_k(x)\}_{k \in \mathbf{N}} \subset L^p(E)\,(1 < p < \infty, E \subset \mathbf{R})$, 且在 $\mathbf{R}$ 上 $\{f_k(x)\}_{k \in \mathbf{N}}$ 几乎处处收敛到 $f(x)$. 证明 $\{f_k(x)\}_{k \in \mathbf{N}}$ 在 $L^p(E)$ 上强收敛到 $f(x)$ 的充要条件是:
$\lim\limits_{k \to \infty} \|f_k(x)\|_{L^p(E)} = \|f(x)\|_{L^p(E)}$.

✍ **练习 6.11**　设 $\{f_k(x)\}_{k \in \mathbf{N}}$ 是定义在 $[0,1]$ 上的绝对连续函数, 且 $\forall k \in \mathbf{N}$, $f_k(0) = 0$.

若 $\{f_k'(x)\}_{k\in\mathbf{N}}$ 是 $L^1([0,1])$ 上的基本列, 证明存在定义在 $[0,1]$ 上的绝对连续函数 $f(x)$, 使得 $\{f_k(x)\}_{k\in\mathbf{N}}$ 在 $[0,1]$ 上一致收敛到 $f(x)$.

✍ **练习 6.12**　证明: 有理系数的多项式全体在 $L^p([a,b]), (1\leqslant p<\infty)$ 中是稠密的, 从而 $L^p([a,b]), (1\leqslant p<\infty)$ 是可分的. (提示: 参考练习 4.14)

6.3　L^p 空间中函数列的弱收敛

对于 L^p 空间中的函数列, 例如函数列 $\{\cos(kx)\}_{k\in\mathbf{N}}$ 在 $L^2([0,2\pi])$ 空间中不存在强收敛子列.

例题 6.2　对 $\forall f(x)\in L^2([0,2\pi])$, 都有 $\lim\limits_{k\to\infty}\int_0^{2\pi}f(x)\cos(kx)\mathrm{d}x=0$.

证明　由命题 3.2 及命题 4.10, 可知简单函数族在 $L^2([0,2\pi])$ 中稠密, 下面只用对简单函数验证结果即可.

对于简单函数 $f(x)=\sum\limits_{i=1}^{j}c_i\chi_{[a_i,b_i]}$, 其中 $\{[a_i,b_i]\}_{i=1,\cdots,j}$ 是 $[0,2\pi]$ 中互不相交的区间族. 则

$$\lim_{k\to\infty}\int_0^{2\pi}\cos(kx)\cdot f(x)\mathrm{d}x=\lim_{k\to\infty}\sum_{i=1}^{j}c_i\frac{\sin(kb_i)-\sin(ka_i)}{k}=0$$

上例中函数列 $\{\cos(kx)\}_{k\in\mathbf{N}}$ 在 $L^2([0,2\pi])$ 空间中不强收敛, 但在积分意义下收敛. 这样的收敛方式相对比较弱 (粗略地看是某种积分平均之后的收敛关系), 在偏微分方程、变分学等领域有很广泛的应用. 为此, 我们这里介绍函数空间 $L^p(E)$ 上一种新的收敛方式: 弱收敛.

定义 6.7 [$L^p(E)$ 空间的弱收敛]

设 $1\leqslant p,q\leqslant\infty$ 且 $\frac{1}{p}+\frac{1}{q}=1$. 当 $f(x)\in L^p(E)$ 及 $\{f_k(x)\}_{(k\in\mathbf{N})}\subset L^p(E)$, 若满足

$$\lim_{k\to\infty}\int_E f_k(x)g(x)\mathrm{d}x=\int_E f(x)g(x)\mathrm{d}x,\quad\forall g(x)\in L^q(E)$$

则称函数列 $f_k(x)$ 在 $L^p(E)$ 上弱收敛到 $f(x)$.

♣

例题 6.3 (弱收敛不蕴含依测度收敛)　由例题 6.2 可知 $\{\cos(kx)\}_{k\in\mathbf{N}}$ 在 $L^2([0,2\pi])$ 上弱收敛到 0, 但是 $mE(|\cos(kx)|\geqslant\frac{1}{2})=\frac{4\pi}{3}$, 即其不依测度收敛到 0.

命题 6.5 (有限测度集上几乎处处收敛和弱收敛的关系)

设 $1\leqslant p<\infty$ 及 $E(\subset\mathbf{R}^n)$ 是有限测度集, $\{f_k(x)\}_{k\in\mathbf{N}}$ 是定义在 E 上 a.e. 有限的可测函数序列. 若 $\{f_k(x)\}_{k\in\mathbf{N}}$ 在 E 上 a.e. 收敛到 $f(x)$, 则 $\{f_k(x)\}_{k\in\mathbf{N}}$ 在 $L^p(E)$ 中弱收敛到 $f(x)$.

♠

证明　首先根据法图引理，可得 $f(x) \in L^p(E)$，记：

$$E_K = \bigcap_{k \geqslant K} \{x \mid |f_k(x) - f(x)| \leqslant 1\}$$

则 E_K 是单调扩张的可测集，并且当 $K \to \infty$ 时 $E_K \to E$. 当 $\frac{1}{p} + \frac{1}{q} = 1$ 时，记：

$$\Phi_K = \{\phi(x) \mid \phi(x) \in L^q(E), \operatorname{supp} \phi(x) \subset E_K\} \ \text{及} \ \Phi = \bigcup_{K \geqslant 1} \Phi_K$$

从而 $\forall \phi(x) \in \Phi$，则存在 K_0 使得 $\phi(x) \in \Phi_{K_0}$，并且

$$|\phi(x) \cdot (f_k(x) - f(x))| \leqslant |\phi(x)|,$$

　且当 $k \to \infty$ 时

$$|\phi(x) \cdot (f_k(x) - f(x))| \to 0, \mathrm{a.e.} E$$

注意到 $mE < \infty$，由有界控制收敛定理可得：

$$\lim_{k \to \infty} \int_E \phi(x) \cdot (f_k(x) - f(x))\mathrm{d}x = 0, \ \forall \phi(x) \in \Phi$$

　　而由函数集 Φ 的构造，可知道 Φ 在 $L^q(E)$ 中稠密，从而结合上式便证得结论.

注　$p = \infty$ 时，相关的结论在后续"泛函分析"课程中介绍.

> **命题 6.6 (弱收敛极限与几乎处处收敛极限的关系)**
>
> 　　设 $mE < \infty$，函数列 $\{f_k(x)\}_{k \in \mathbf{N}}$ 在 $L^p(E)$ 上弱收敛到 $f(x)$，且 $\{f_k(x)\}_{k \in \mathbf{N}}$ 在 E 上几乎处处收敛到 $g(x)$，则 $f(x) \overset{\mathrm{a.e.} E}{=\!=\!=} g(x)$. ♠

证明　由叶果洛夫定理：$\forall \varepsilon > 0$，存在闭集 $F \subset E$ 并满足 $m(E \backslash F) < \varepsilon$，使得 $f_k(x)$ 在 F 上一致收敛到 $g(x)$. 从而

$$\begin{aligned}
\lim_{k \to \infty} \int_F f_k(x)\big(f(x) - g(x)\big)\mathrm{d}x &= \int_F \lim_{k \to \infty} f_k(x)\big(f(x) - g(x)\big)\mathrm{d}x \\
&= \int_F g(x)\big(f(x) - g(x)\big)\mathrm{d}x
\end{aligned} \tag{6.7}$$

而由已知 $f_k(x)$ 在 $L^p(E)$ 上弱收敛到 $f(x)$，记 $\chi_F(x) = \begin{cases} 1, & x \in F \\ 0, & x \notin F \end{cases}$ 则有

$$\begin{aligned}
\lim_{k \to \infty} \int_F f_k(x)\big(f(x) - g(x)\big)\mathrm{d}x &= \lim_{k \to \infty} \int_E f_k(x)\big(f(x) - g(x)\big)\chi_F \mathrm{d}x \\
&= \int_F f(x)\big(f(x) - g(x)\big)\mathrm{d}x
\end{aligned} \tag{6.8}$$

由 (6.7) 式与 (6.8) 式得 $\int_F \big(f(x) - g(x)\big)^2 \mathrm{d}x = 0$. 从而 $f(x) = g(x)$, a.e.E. 再由 ε 的任意性，得 $f(x) \overset{\mathrm{a.e.} E}{=\!=\!=} g(x)$.

命题 6.7 (强收敛蕴含弱收敛)

函数列 $\{f_k(x)\}_{k\in\mathbf{N}}$ 在 $L^p(E)$ 上强收敛到 $f(x)$, 则其在 $L^p(E)$ 上也弱收敛到 $f(x)$. ♠

证明 由霍得不等式得, 当 $\frac{1}{p}+\frac{1}{q}=1$, 且 $g(x)\in L^q(E)$ 时

$$\left|\int_E \big(f_k(x)-f(x)\big)g(x)\mathrm{d}x\right| \leqslant \|f_k(x)-f(x)\|_{L^p(E)}\|g(x)\|_{L^q(E)} \xrightarrow{k\to\infty} 0$$

例题 6.4 (弱收敛、几乎处处收敛不蕴含强收敛)

$$f_k(x)=\begin{cases}\sqrt{k}, & x\in\left[0,\dfrac{1}{k}\right]\\[2mm] 0, & x\in\left(\dfrac{1}{k},1\right]\end{cases}$$

在 $[0,1]$ 上几乎处处收敛且在 $L^2([0,1])$ 意义下弱收敛到 0, 但其不是 $L^2([0,1])$ 上的强收敛序列.

注意到 (6.4) 式可知: 强收敛蕴含有范数序列的收敛, 弱收敛则不行. 事实上对 $1\leqslant p<\infty$, 函数列 $f_k(x)$ 在 $L^p(E)$ 中是弱收敛但不强收敛的主要困难之一是出现 "震荡效应" (如例题 6.2); 进一步地, 即便对 $f_k(x)$ 加更强一点的条件, 例如要求 $f_k(x)$ 弱收敛且几乎处处收敛到 $f(x)$, 以便排除特别大的震荡这种情形, 但是 $f_k(x)$ 仍然有可能不强收敛 (如例题 6.4), 这种情形又称为 "集中" 效应 (更详细的分析见 EVANS L C. *Weak convergence methods for nonlinear partial differential equations*, 1990.). 从弱收敛序列推导出强收敛性, 需要对序列的震荡和集中效应进行排除, 此时范数序列 $\|f_k(x)\|_{L^p(E)}$ 扮演重要的角色.

命题 6.8

设 $1\leqslant p<\infty$, 函数列 $\{f_k(x)\}_{k\in\mathbf{N}}$ 在 $L^p(E)$ 中弱收敛到 $f(x)$, 则

$$\varliminf_{k\to\infty} \|f_k(x)\|_{L^p(E)} \geqslant \|f(x)\|_{L^p(E)}$$
♠

证明 取 $g(x)=f(x)^{\frac{p}{q}}\cdot\mathrm{sign}(f(x))$, 其中 $\frac{1}{p}+\frac{1}{q}=1$, $\mathrm{sign}(f(x))=\begin{cases}-1, & f(x)<0\\ 0, & f(x)=0\\ 1, & f(x)>0\end{cases}$

由霍得不等式得 $g(x)\in L^q(E)$.

$$\lim_{k\to\infty}\int_E f_k(x)\cdot g(x)\mathrm{d}x = \int_E f(x)\cdot g(x)\mathrm{d}x = \|f(x)\|_{L^p(E)}^p$$

另外,

$$\left|\int_E f_k(x) \cdot g(x)\mathrm{d}x\right| \leqslant \|f_k(x)\|_{L^p(E)} \cdot \|g(x)\|_{L^q(E)} = \|f_k(x)\|_{L^p(E)} \cdot \|f(x)\|_{L^p(E)}^{\frac{p}{q}}$$

则结合以上两式 $\varliminf\limits_{k\to\infty} \|f_k\|_{L^p(E)} \cdot \|f(x)\|_{L^p(E)}^{\frac{p}{q}} \geqslant \|f(x)\|_{L^p(E)}^p$ 得 $\varliminf\limits_{k\to\infty} \|f_k\|_{L^p(E)} \geqslant \|f(x)\|_{L^p(E)}$.

注 当 $p = \infty$ 且 $mE < \infty$ 时, 可证明 $\forall \varepsilon > 0$,

$$\varliminf_{k\to\infty} \|f_k(x)\|_{L^\infty(E)} \geqslant \|f(x)\|_{L^\infty(E)} - \varepsilon \quad (\text{证明见周民强编著的《实变函数论》})$$

> **命题 6.9 (Radon)**
>
> 设 $1 < p < \infty$, 函数列 $\{f_k(x)\}_{k\in\mathbf{N}} \subset L^p(E)$ 弱收敛到 $f(x)$ 且 $\lim\limits_{k\to\infty} \|f_k(x)\|_{L^p(E)} = \|f(x)\|_{L^p(E)}$, 则 $f_k(x)$ 在 $L^p(E)$ 上强收敛到 $f(x)$. ♠

证明 $p = 1$ 或 $p = \infty$ 时结论不成立. 证明见周民强编著的《实变函数论》.

对于 $L^p(E)$ 空间中函数列, 将其看成可测函数列时, 第三章定义了几类收敛关系. 在本章又根据空间的范数结构给出了新的收敛定义. 这些收敛关系之间的联系如图 6-1 所示, 对其更进一步的分析将在后续 "泛函分析" 课程中介绍.

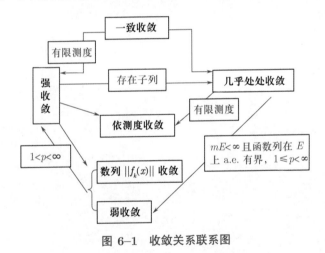

图 6-1 收敛关系联系图

习题 3

✍ **练习 6.13** 设 $\{f_k(x)\}_{k\in\mathbf{N}}$ 是 $[0,1]$ 上的可测函数列, 当 $k \to \infty$ 时 $f_k(x)$ 依测度收敛到 $f(x)$, 并且 $\|f_k(x)\|_{L^p([0,1])} \leqslant 1$, $1 \leqslant p \leqslant \infty$. 证明 $\lim\limits_{k\to\infty} \|f_k(x) - f(x)\|_{L^p([0,1])} = 0$.

✍ **练习 6.14 (弱极限的唯一性)** 设 $\{f_k(x)\}_{k\in\mathbf{N}}$ 在 $L^p([0,1])$ 上弱收敛, 则其极限函数在 a.e. 的意义下唯一.

✍ **练习 6.15** 设 $1 \leqslant p_1 \leqslant p_2 < p_3 < \infty$，且 $\|f_k(x)\|_{L^{p_3}(E)} < M$（常数）. 若 $\|f_k(x) - f(x)\|_{L^{p_1}(E)} \to 0$，则 $\|f_k(x) - f(x)\|_{L^{p_2}(E)} \to 0$.

✍ **练习 6.16** 设 $f(x) \in L^p(E)$，$f_k(x) \in L^p(E)\,(k \in \mathbf{N})$ 且 $g(x) \in L^q(E)$，$g_k(x) \in L^q(E)\,(k \in \mathbf{N})$. 其中 $p > 1$ 并满足 $\frac{1}{p} + \frac{1}{q} = 1$. 若有 $\|f_k(x) - f(x)\|_{L^p(E)} \to 0$，$\|g_k(x) - g(x)\|_{L^q(E)} \to 0$，则 $\int_E |f_k(x)g_k(x) - f(x)g(x)|\mathrm{d}x \to 0$ 成立.

参 考 文 献

[1] EVANS L C. Weak convergence methods for nonlinear partial differential equations [M]. Providence, Rhode Island: American Mathematical Society, 1990.

[2] 周性伟. 实变函数[M]. 2 版. 北京: 科学出版社, 2004.

[3] 周民强. 实变函数论[M]. 北京: 北京大学出版社, 2001.

[4] 夏道行, 吴卓人, 严绍宗, 等. 实变函数论与泛函分析[M]. 2 版修订本. 北京: 高等教育出版社, 2010.

[5] 程其襄, 张奠宙, 胡善文, 等. 实变函数与泛函分析基础[M]. 4 版. 北京: 高等教育出版社, 2019.

[6] 曹广福. 实变函数论与泛函分析[M]. 2 版. 北京: 高等教育出版社, 2004.

[7] 邓东皋, 常心怡. 实变函数简明教程[M]. 北京: 高等教育出版社, 2005.

[8] 郑维行, 王声望. 实变函数与泛函分析概要[M]. 2 版. 北京: 高等教育出版社, 1989.

[9] 江泽坚, 孙善利. 泛函分析[M]. 2 版. 北京: 高等教育出版社, 2005.

[10] 汪林. 实分析中的反例[M]. 北京: 高等教育出版社, 2014.

后 记

　　本书的主要目的是让初学者在学习初期避开一些和主干相关性较低的内容，这样能在一定程度上降低入门的门槛. 在本书编写过程中，作者发现许多教材的编排确实有着其内在的逻辑，只有深入研究才可一窥其内在的思想. 初稿完成后，作者翻过来细读时总觉得有许多在动笔之初立下的目标未能达到，但是要想更进一步，却又感觉力所难及. 经过一段时间的纠结，作者最终还是决定将其付梓，文中部分粗浅的描述及结构重整或许能助力初学者.

　　本书在编写过程中，获得了大量外界的帮助. 在此要感谢暨南大学数学系同事——刘春光、陈见生、王文杰等的支持和鼓励；感谢这些年来听课学生的反馈和建议；特别感谢宋述刚教授、潘洪京教授等审阅书稿，感谢郭俐辉教授及其团队协助录入初稿，感谢 2020 级邓浪同学核对书稿.

作者

2024 年 3 月